Paver cours et chemins

HELGA VOIT • RALF KLINKENBERG

CHANTECLER

Le bricolage est devenu une activité de loisir pratiquée par un très grand nombre de personnes. Que vous louiez une vieille maison ou que vous soyez propriétaire de vos quatre murs, vous pouvez obtenir des résultats spectaculaires et devenir un as du bricolage avec un peu d'adresse et quelques conseils éclairés de professionnels. Les petites réparations, les travaux de rénovation, de réfection ou de décoration, ou la construction en elle-même, tout cela est à votre portée.

Le bricolage, c'est aussi synonyme d'économies budgétaires et d'indépendance vis-à-vis d'artisans qui souvent se font attendre des semaines, voire en vain. Ainsi, vous ne serez plus tributaire des professionnels et de leurs délais d'attente.

Les magasins spécialisés et les enseignes de bricolage et de construction ne manquent pas ; ils offrent au bricoleur amateur tous les outils et les matériaux dont il peut avoir besoin. Mais de bons outils et une bonne dose d'enthousiasme ne suffisent pas. Une préparation rigoureuse et des connaissances spécifiques sont indispensables.

Ce guide vous indique la marche à suivre pour **paver vous-même cours et chemins**. Chaque étape des travaux est expliquée pas à pas et illustrée de photos et de légendes. Des symboles vous permettent de visualiser d'un coup d'œil le niveau de difficulté, le degré de force physique et le temps nécessaires à chaque étape, ainsi que les outils dont vous aurez besoin.

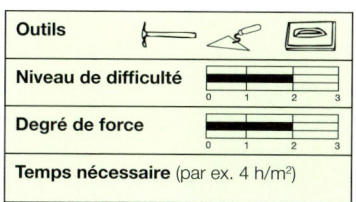

Outils			
Niveau de difficulté	0 1 2 3		
Degré de force	0 1 2 3		
Temps nécessaire (par ex. 4 h/m²)			

Les différents niveaux se répartissent ainsi :

Niveau de difficulté 1 – Travail réalisable par une personne inexpérimentée. Savoir-faire manuel très réduit.

Niveau de difficulté 2 – Travail nécessitant un peu d'habitude des outils et des matériaux. Savoir-faire manuel moyen conseillé.

Niveau de difficulté 3 – Travail nécessitant une pratique spécialisée (compétences quasi-professionnelles). Savoir-faire manuel supérieur à la moyenne indispensable.

Degré de force 1 – Travail léger et facilement réalisable par tous.

Degré de force 2 – Travail nécessitant une certaine force.

Degré de force 3 – Travail nécessitant une implication physique importante.

Table des matières

Les connaissances techniques

Les matériaux

L'outillage

Les bases

Les applications

Index

Achat des matériaux

Assemblage de briques en béton

Pierres naturelles d'occasion

Les allées et les chemins déterminent souvent l'aspect extérieur de votre jardin. Ils sont également significatifs du goût et du style du propriétaire des lieux. Dans une certaine mesure, cela se reflète également dans les matériaux utilisés pour les réaliser. Le revêtement réalisé par assemblage de pavés en béton que l'on voit actuellement dans de nombreux jardins individuels peut paraître approprié, mais sa disposition est souvent monotone. Si vous réalisez vous-même la pose, vous avez la possibilité de travailler ce matériau de façon plus créative. Mieux encore, il est conseillé de ne pas faire l'économie de beaux matériaux et de choisir de la pierre naturelle pour sa beauté et sa résistance dans le temps.

Le choix est souvent difficile face à la grande diversité des types de pierres. Il est généralement recommandé de se rendre chez un détaillant afin de pouvoir juger efficacement sur place des différents aspects et possibilités d'utilisation grâce à des poses témoins. Mais on ne trouve pas toujours dans le commerce ce qui a retenu l'attention dans un catalogue.

De nombreux vendeurs de matériaux de construction proposent également de la pierre naturelle en plus des matériaux de construction classiques et des dérivés du béton.

Les briqueteries, qui fabriquent les tuiles de toit, réalisent également des briques (cuites) et les vendent parfois en direct de l'usine. En général, cependant, ce type de briques s'achète auprès des spécialistes des matériaux de construction pour les particuliers. Vous y trouverez également d'autres matériaux comme les matériaux en vrac, le ciment, la chaux, les conduites de drainage, les gaines, jusqu'aux adjuvants pour béton, les outils, etc.

Tous les détaillants en pierre naturelle ne proposent pas de matériaux en pierre naturelle de seconde main. Comme ceux-ci sont souvent particulièrement recherchés, voici quelques astuces pour vous en procurer de façon relativement économique : parfois, on peut trouver des pavés de seconde main dans d'anciennes gravières ou des lieux de déchargement de matériaux en vrac. Ils ont été triés sur place avant d'être mis de côté. Certaines entreprises de démolition proposent également ce genre de matériau à la revente. Les services municipaux de travaux publics, des ponts et chaussées et des aménagements de parcs et jardins constituent une autre source d'approvisionnement potentielle.

Il faudra alors faire preuve d'un minimum de diplomatie afin de pouvoir éventuellement faire l'acquisition des beaux matériaux d'occasion. On peut enfin également en trouver par le biais des petites annonces ou sur Internet.

On trouve d'anciennes pierres naturelles et dalles en pierre naturelle sélectionnées chez les fournisseurs d'auges, de blocs de pierre et autres fontaines.

Il est rare de pouvoir paver une cour entière ou tout un chemin avec d'anciens matériaux coûteux. Et cela n'est également pas absolument nécessaire. On peut en effet obtenir un très bel aspect général en incorporant dans le revêtement des éclats de taille de pierre, des dalles colorées, des éléments en fer, des carreaux provenant de brocantes ou d'antiquaires ou rapportés de récents voyages.

Prélevez éventuellement un ancien revêtement existant, entreposez-le en attendant, et voyez comment le combiner avec des dalles ou des pavés que vous achèterez. Vous pourrez ainsi réaliser à moindres frais un tout nouveau pavage de chemin ; l'ancien matériau réutilisé conviendra ainsi pour une surface plus importante. Les illustrations ci-contre montrent des exemples d'harmonieux résultats !

Dalles en béton d'occasion

Pavés achetés d'occasion

Ornementation en carreaux

Calcul des quantités nécessaires de matériaux

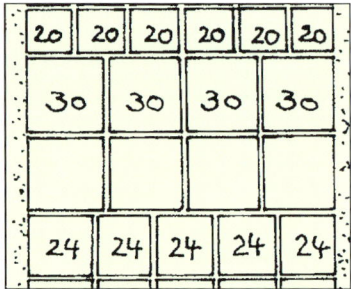

Trois tailles de dalles pour un chemin

Joints homogènes

Largeur de joints variable

Une fois déterminé le type de matériau que vous allez utiliser, il s'agit de calculer la quantité à se procurer. La taille de chaque élément détermine directement la largeur du chemin.

Si vous avez opté pour des briques de format standard, vous pouvez par exemple obtenir une largeur de chemin de 1,25 m : 5 briques de 24 cm de large chacune, avec un joint d'environ 1 cm entre chacune d'elles. Avec des dalles en béton de 30 cm de large (4 dalles) ou des briques hollandaises de 20 cm de large (6 briques), la taille des éléments correspond également à la largeur du chemin considéré. Par contre, si vous voulez utiliser des dalles de 25 cm de large, vous obtiendrez, avec les joints, un chemin de 1,30 m de large. Vous éviterez au maximum de couper des matériaux en choisissant dès le départ des tailles d'éléments correspondant à la largeur du chemin, ou inversement.

N'oubliez pas de prendre en compte les joints dans vos calculs. Pour de grandes surfaces, vous pourriez sinon arriver à un surplus de matériau correspondant à 2, voire 5 m². D'autre part, il est toujours possible que des éléments se cassent ou que leur bord s'ébrèche pendant la pose ou le transport. Il est donc conseillé de prévoir une petite réserve de matériau. Pour le pavage à l'aide de mosaïque ou de petits pavés, il est plus facile de choisir librement la largeur du chemin. La pose de pavés plus petits nécessite davantage de joints et donc davantage de marge pour jouer sur la quantité de matériau.

Une fois que vous avez calculé la quantité de matériau selon les dimensions de celui-ci, vous pouvez calculer les quantités de remblai nécessaire pour l'infrastructure. Afin d'éviter un glissement des pierres au niveau des bordures du revêtement, l'infrastructure doit être remblayée de 10 cm de large supplémentaires de chaque côté.

Cette surface, soit la largeur du chemin multipliée par sa longueur, en mètres carrés, multipliée par l'épaisseur de l'infrastructure en mètres, donne la quantité de remblai nécessaire en mètres cubes.

N'oubliez pas non plus que l'infrastructure doit être étanchéifiée. Ce qui correspond à 4 à 5 cm, soit 10 à 15 % du matériau pour une couche de remblai de 40 cm. Vous devez donc vous faire livrer de plus grandes quantités. Pour une surface de revêtement de 25 m² et une infrastructure de 40 cm d'épaisseur, vous aurez ainsi besoin de 10 m³ de gravier et de 1 à 1,5 m³ supplémentaire. Tenez-en compte.

La couche d'égalisation en gravillon, sable ou mortier, dans laquelle s'effectue la pose, ne se compacte pas. Elle correspond simplement à la surface par l'épaisseur du remblai (dans le cas précédent, 25 m² x 0,05 m = 1,25 m³).

La quantité de matériau pour les joints est très faible. Utilisez en général le même matériau que pour la couche d'égalisation.

Le cas échéant, faite-vous livrer à nouveau une petite quantité supplémentaire. Cela est plus simple que de devoir évacuer une quantité trop importante de matériau déjà livré.

Graviers et gravillons

Calcul de remblai (tonne/m³)		
Remblai (1 m³)	Poids de la masse	
	humide	saturée en eau
Sable	1,7 t	1,9 t
Gravier	1,7 t	1,9 t
Grave (gravier-sable)	1,8 t	2,0 t
Gravillon	1,5 t	1,7 t
Cailloutis	1,7 t	1,9 t
Gravier roulé	1,7 t	1,9 t
Tout-venant	2,0 t	
Tourbe	1,1 t	3,0 t
Comparaison fer	7,5 t	

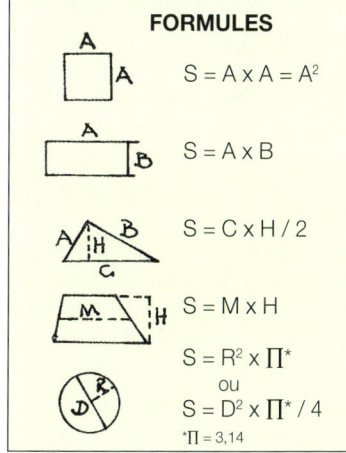

FORMULES

$S = A \times A = A^2$

$S = A \times B$

$S = C \times H / 2$

$S = M \times H$

$S = R^2 \times \Pi^*$
ou
$S = D^2 \times \Pi^* / 4$

$^*\Pi = 3,14$

Formules pour le calcul des surfaces

Location d'engins

Scie diamant avec table

Chargeur compact

Plaque vibrante

La réalisation de revêtements stabilisés nécessite de nombreux travaux, en particulier de terrassement et de transport de terre, souvent assez fatigants. La main-d'œuvre étant relativement coûteuse, il est souvent plus économique d'avoir recours à certains appareils et machines.

Grâce à eux, vous pouvez effectuer les mêmes tâches en quelques heures, alors que manuellement cela aurait duré plus longtemps. Ces machines sont relativement faciles à manier et il est possible de les louer auprès de nombreuses sociétés.

À chaque tâche son outil spécifique, du marteau piqueur au chargeur compact, en passant par la mini-excavatrice, la plaque vibrante, la brouette ou encore la meuleuse d'angle. Pour chacun d'eux, demandez à votre vendeur de matériaux de construction s'il travaille avec une entreprise de construction particulière et si vous pouvez lui louer des appareils par son intermédiaire.

Gardez à l'esprit qu'il est parfois judicieux de louer certains appareils avec les services du personnel qualifié correspondant. Un conducteur de chargeuse sur roues ou d'excavatrice connaît bien sa machine et travaille de façon efficace et rentable. On peut ainsi éviter maints dommages éventuels aux murs, aux clôtures, au balcon, à la boîte aux lettres d'une maison, etc.

Vous n'êtes pas non plus forcé de tout faire vous-même de A à Z. N'hésitez pas à faire appel à un spécialiste pour de nombreux travaux.

Vous trouverez les principaux outils dans le chapitre consacré à l'outillage (page 30). Quelques remarques préliminaires : la grande quantité d'outils utilisables est trompeuse. On n'a souvent besoin, pour mener de nombreux travaux à bien, que d'un nombre plus restreint d'outils qu'on ne le pense en général. Tout est question d'habileté. Un bon paveur travaillera aussi bien avec un marteau classique, même s'il aura peut-être alors besoin d'un peu plus de temps.

Lors de l'achat d'outils, il vaut souvent mieux s'attacher à la qualité qu'à la quantité.

Composition du béton

Le béton est constitué de ciment, de sable, de gravier et d'eau, dans des proportions différentes selon son utilisation. On ne peut mélanger manuellement que de petites quantités.

La grave (sable et gravier) et le ciment doivent être travaillés au moins deux fois à la pelle à sec avant d'y ajouter de l'eau.

Le ciment ne doit pas être stocké pendant plus de deux mois. À l'air libre, il risque d'absorber de l'humidité et de perdre en résistance.

On recommandera l'usage de ciment mélangé à de la roche volcanique (de la pouzzolane) finement broyée. Le ciment mélangé à la roche volcanique contient une faible quantité de chaux et doit être utilisé à la place du ciment classique pour des travaux réalisés avec des briques ainsi que lors du jointoiement. On mélange de plus grandes quantités de béton de préférence avec une machine.

Afin d'obtenir un mélange homogène, le temps de mélange ne doit pas être inférieur à une minute après ajout de tous les composants.

Le béton doit être aussitôt utilisé et compacté si on l'emploie comme infrastructure. On le compacte à l'aide d'un fouloir.

Le séchage doit se faire lentement et régulièrement. Par temps très ensoleillé et par fortes chaleurs, il est donc conseillé de conserver le béton légèrement humide pendant environ trois jours (par exemple en le recouvrant d'un mince film plastique).

Mélanges de béton

Proportions de mélange				
Ciment	Gravier	Sable	Eau	Domaine d'utilisation
1	3	—	Mouillé jusqu'à malléable	Fortes sollicitations (fondations, bassins, rampe d'accès)
1	3-5	—	Humide	Sollicitations moyennes (fondations, marches d'escalier, seuil)
1	4-8	—	Humide	Sollicitations moyennes à légères (infrastructure pour bois équarris et pavés, palissades), béton maigre
1	3-4	1-2	Malléable	Chemins, terrasses
1	—	3-4	Malléable à humide	Chapes, infrastructure pour dalles

Briques profilées en béton

Les pavés en béton sont fabriqués sous forme de carrés, de rectangles et d'hexagones. L'épaisseur standard est de 6 ou 8 cm. Pour de fortes sollicitations, il existe dans le commerce des pavés de 10 ou 12 cm d'épaisseur.

Les tailles classiques des pavés carrés sont, par exemple : 10 x 10 cm, 16 x 16 cm ou 20 x 20 cm. Les rectangles font quant à eux généralement 10 x 20, 16 x 18, 24 x 16 cm et 20 x 40 cm. Les dimensions des hexagones sont souvent 20 x 23 cm et ils sont également proposés sous

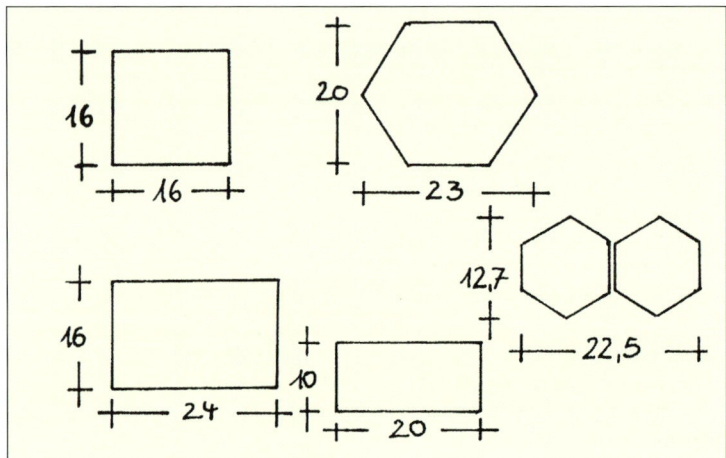

Formats de pavés géométriques

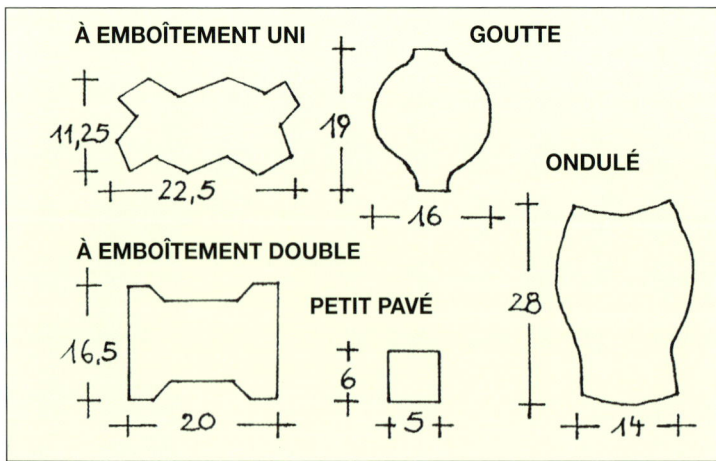

Pavés à emboîtement

forme de pavés hexagonaux doubles.

Pour paver les bords de couvertures de puits ou de conduites d'écoulement, on choisira de préférence de petits pavés en béton ayant un bord arrondi. Il existe également dans le commerce des pavés ronds d'une dizaine de centimètres de diamètre.

Les pavés pour chaussées ou les pavés dits rustiques désignent des pavés de couleur sensés rappeler les pavages de chemins à l'ancienne. Les pavés à emboîtement sont aujourd'hui très utilisés dans l'aménagement de jardins et de constructions paysagères. Grâce à leur forme dentée spécifique, ils s'emboîtent les uns dans les autres et répartissent les charges s'appliquant sur eux sur plusieurs pavés à la fois. Du fait de l'emboîtement, ils ne peuvent pas être découpés ou ébréchés. On utilise des pavés de garnissage spécifiques aux tailles correspondantes pour les arêtes, angles et autres courbes. Le système en « fermeture Éclair » permet de ne pas avoir besoin de bordure spécifique.

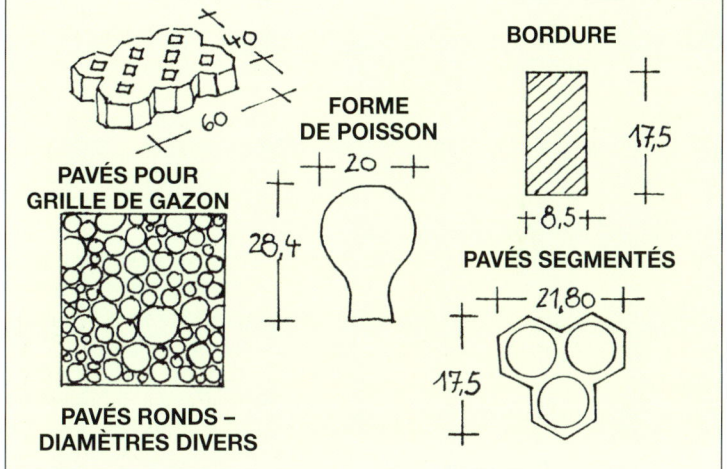

Briques profilées en béton classiques

Briques profilées spécifiques

On peut aussi réaliser des incurvations du chemin à l'aide d'éléments courbes spécifiques. Les plus connus sont les pavés à emboîtement unis et doubles. Il existe également des pavés à emboîtement ronds ondulés, en forme de goutte ou de poisson, ainsi que des pavés segmentés de trois ou quatre éléments. L'épaisseur classique des pavés à emboîtement est également de 6 ou 8 cm. Les pavés pour grilles de gazon sont des briques profilées ajourées. Celles-ci ont une épaisseur de 10 et 12 cm et des dimensions de 40 x 40 ou 60 x 40 cm. Les pavés-gazon existent en format 33 x 16,5 x 10 cm.

Le revêtement d'un chemin ou d'une cour est plus stable lorsqu'il est délimité par des pavés de bordure. Dans de nombreux cas, le système d'emboîtement seul ne suffit pas. On utilise alors des pavés de bordure de 0,5 ou 1 m de longueur. Les dalles en béton ou les bordures d'une largeur de 6 cm ne sont pas assez solides pour supporter le passage de véhicules.

Dalles en béton

Opus romain : dalles en béton

Dalles en pierre naturelle

Les dalles en béton standard pour chemins existent en 30 x 30, 35 x 35, 40 x 40 et 35 x 17,5 cm, et en 5, parfois 4 cm d'épaisseur. On les trouve également dans le commerce avec des épaisseurs de 5, 6, 8 ou 10 cm pour de fortes sollicitations.

Sous la dénomination commune de « dalles pour jardin ou terrasse » se distinguent différents types de dalles en béton selon leur format et leur surface, toutes adaptées à un trafic piétonnier. Les formats 40 x 40, 60 x 40 et 50 x 50 cm sont les plus courants. Les formats 40 x 20 et 40 x 30 cm sont

Consigne de sécurité

Faites découper les formats sur mesure par un spécialiste. Ces types de découpes comportent certains dangers, car des éclats et des poussières peuvent être respirés ou être responsables de blessures aux yeux.

généralement un peu plus chers. L'épaisseur des dalles est en général de 5 cm, mais il existe également des dalles plus épaisses (6-7cm d'épaisseur).

Les dalles classiques de jardin en béton possèdent parfois un traitement de surface destiné à imiter la structure de la pierre naturelle.

Les dalles en béton classiques comportent aussi souvent une couche supplémentaire d'environ 2 cm d'épaisseur que l'on appelle « béton de parement ». Elle est sensée donner à la dalle l'aspect de la pierre naturelle. Les dalles en béton lavé très utilisées représentent un exemple typique de cette méthode : on donne à la surface sa structure particulière en la saupoudrant de grains ronds de différentes tailles. Il est également parfois judicieux de faire des ajouts de couleur. L'éventail des variations de dalles de jardin est ainsi quasiment infini. De plus, depuis quelques années, on propose sur le marché des dalles de pavage hexagonales et des petits pavés.

Selon leur modèle, les dalles de jardin sont posées avec ou sans joints croisés. Les dalles en béton simples de différentes tailles posées « en opus romain » (voir illustration ci-contre) donnent un effet superbe.

Pierre naturelle – propriétés

Il n'est rien de plus beau pour un jardin qu'un solide pavage en pierre naturelle. Convenablement posé, il est l'un des revêtements pour jardins les plus résistants.

Un pavage en pierre naturelle peut également supporter la charge de lourds véhicules automobiles. Il est adhérent par tout temps, même recouvert de condensation. En cas d'affaissement, il est également relativement facile de niveler à nouveau le revêtement sans l'aide de matériaux supplémentaires.

Ce type de revêtement permet de réaliser facilement des évidements pour des arbres. Après avoir planté les arbres, il est recommandé de recouvrir la zone des racines avec un pavage amovible bombé vers le haut. On évitera ainsi que la zone de terre correspondante autour du tronc soit endommagée.

Les revêtements en pierre artificielle devront être constamment entretenus, au contraire d'un pavage en pierre naturelle. L'effet combiné de l'état changeant de la pierre naturelle et de la végétation « sauvage » est souvent des plus spectaculaires.

Quand cela est possible, choisissez de la pierre naturelle issue de votre environnement. Des pierres d'autres régions s'harmonisent moins bien avec les caractéristiques du paysage local.

Il est à noter que les roches dures sont presque indestructibles, et que les pierres calcaires imperméables et le tuf calcaire sont très résistants. À l'inverse, toutes les roches contenant de la chaux carbonée ne sont pas résistantes aux acides. En ce qui concerne le grès, ne sont à utiliser que les types les plus durs, du fait de l'infiltration constante d'humidité provenant de la terre.

Astuce de pro

Vous économiserez de nombreux accessoires de jardin si vous pensez, dès la pose du revêtement, à intégrer dans le pavage des cavités ou des renflements à bords arrondis ou rectilignes. Vous pourrez ainsi créer des auges pour plantes, un bac à sable pour les enfants, un bassin d'eau, etc.

Pierre naturelle

Pavés de granit

Chemin en pavés de granit

Détails de cailloux différents

Dalles irrégulières sur palettes

En créant une forme irrégulière avec des formats différents, on obtiendra un meilleur emboîtement du revêtement.

Les pavés en pierre naturelle, outre leur qualité fonctionnelle, ne servent pas seulement au renforcement du sol, mais possèdent également une forte valeur esthétique. Aucune pierre n'est en effet exactement semblable à une autre. De plus, les pavages en pierre naturelle, et qui plus est si plusieurs types de matériaux sont utilisés, changent constamment d'aspect selon les conditions climatiques. Et c'est lorsque le temps est des plus mauvais qu'ils sont les plus beaux.

La pierre naturelle n'a pas besoin d'être utilisée en grandes quantités. Elle servira à relier les différents éléments de l'agencement de votre jardin, même si elle n'est présente que ça et là par petites touches : comme bordure de délimitation, comme rigole d'eau…

Même si on ne souhaite faire que de rares plantations dans son jardin, on peut utiliser de la pierre naturelle. Grâce aux légères variations de la structure de sa surface et de sa couleur, ainsi que de ses contours toujours différents, celle-ci donne de la vie au jardin. Y contribuent également les mille et une variations de pose. Avec les pavés en pierre naturelle, on peut vraiment jouer avec les effets et réaliser des formes très agréables à l'œil.

De petites plantes poussant dans des évidements donneront de la vie à de grandes surfaces au revêtement régulier.

Les bords irréguliers de la pierre naturelle forment naturellement, lors de la pose, des joints de largeurs différentes, qui flatteront également l'œil. Le pavage en pierre naturelle donnera en particulier toute la mesure de sa beauté s'il est réalisé de façon irrégulière, une pose à nouveau très en vogue ces derniers temps.

Des pierres de différents aspects ou de grands éclats de pavés de différentes tailles sont posés dans un mélange de sable et de gravillons de façon à s'assembler au mieux. On ne jointoie pas ce pavage irrégulier avec du mortier, ce qui nuirait à l'effet décoratif de l'ensemble.

Formats de pavés

Les pavés sont formatés dès l'extraction au sein de la carrière. En général, on distingue trois tailles : gros pavés, petits pavés et pavés pour mosaïque.

Les gros pavés sont souvent utilisés pour les bordures de rampes d'accès, voire pour les rampes elles-mêmes. Les pavés sont posés à intervalles de 4 à 5 cm. Ils sont jointoyés à l'aide d'un mélange de terre et de sable, puis on y sème des semences pour gazon. On obtient ainsi un pavage gazonné qui peut être emprunté par une automobile et qui peut également supporter de lourds véhicules s'il comporte éventuellement une infrastructure de cailloutis (amas de cailloux concassés).

On rencontre différents pavés :

Le granit
Le granit est destiné à de multiples usages, sa résistance, sa dureté, en font un excellent matériau. Il peut être gris, rose ou moucheté.

Le porphyre
Le porphyre est la seule pierre présentant une surface naturelle.

Sa rugosité et la dureté de ses composants en font un produit indiqué pour le pavage et le revêtement. Le coût pratiquement nul de son entretien encourage encore davantage son utilisation. En fonction de l'épaisseur ou de la taille de la couche, on obtient à partir du porphyre des pavés, des dalles, des plaques irrégulière (opus incertum), des bordures, des bandes structurantes, des boutisses, des moellons, des marches, des couvertines et après usinage des produits sciés, semi-polis, polis ou flammés.

Les pierres
Les variétés sont nombreuses. Les tailles classiques des pavés moyens disponibles dans le commerce sont 13/15, 15/17 et 17/19 cm. On désigne ainsi des cubes de dimensions 14 x 14, 16 x 16 et 18 x 18 cm. Dans la catégorie de taille 13/15, on trouve des pierres mesurant exactement 14 x 14 cm, mais également d'autres mesurant jusqu'à 13 x 15 cm. Il faut environ 36 à 40 pavés de 15/17 par mètre carré. On distingue également sur le marché des pavés cubiques de grande taille dotés de longueurs pouvant aller jusqu'à 28 cm.

Pavés de grande taille

Pavés de petite taille

Pavés pour mosaïque

Pavés de petite et de grande taille

Galets entreposés

Boutisses

Les pavés de petite taille sont souvent taillés mécaniquement, mais il existe cependant certaines différences de formats selon les fournisseurs. Les tailles classiques sont 9/11, 8/10, 8/11, ainsi que 7/9 cm. Tout comme pour les pavés de grande taille, ces pavés sont cubiques, avec des tolérances de dimensions au sommet et à la base. Pour une longueur d'arête de 9 à 11 cm, on a besoin d'environ 100 à 110 pavés par mètre carré. Les pavés de petite taille sont les pavés les plus utilisés pour les jardins et les espaces verts, car ils ont un très bel aspect et peuvent supporter de fortes sollicitations s'ils sont posés sur une infrastructure suffisante.

Le pavé pour mosaïque, qui correspond à la plus petite taille de pavés, est également taillé à la machine. En général, les pavés pour mosaïque sont disponibles dans les tailles 5 x 7, 8 x 10 et 9 x 11. Pour une longueur d'arêtes de 5 à 7 cm, il faut compter environ 270 à 290 pavés par mètre carré. Les pavés pour mosaïque font partie des types de pavés qui se prêtent merveilleusement à toutes les créations.

Les pavés de petite taille et pour mosaïque sont souvent posés en forme d'arche. C'est pourquoi on utilise, outre les pavés cubiques, des pavés de tailles intermédiaires et des pavés au sommet en forme de trapèze.

Si on pose des pavés de grande taille avec des joints décalés, on aura besoin de boutisses, afin d'obtenir une bordure parfaitement lisse. En maçonnerie, la pierre taillée est placée de manière à ne montrer qu'un de ses bouts. On les place alternativement en boutisse et en parement. Les boutisses sont environ 1,5 fois plus longues que les pavés classiques et permettent de terminer le pavage de la surface jusqu'aux bords. Lors de l'achat, environ 10 % des quantités achetées sont des boutisses.

Malheureusement, peu de fabricants proposent aujourd'hui des pavés en pierre naturelle brute. Ces pierres irrégulières sont grossièrement triées par taille, y compris les pierres ébréchées ou cassées. On les vend uniquement au poids. La taille et le poids correspondent globalement à ceux des pavés de petite taille.

Les pavages en galets sont également très beaux. Dans de nombreuses régions, il est encore aujourd'hui fréquent d'utiliser des galets de même taille ou de tailles disparates pour le pavage. On renonce alors à une bordure supplémentaire, afin que les éléments en longueur ou ronds forment un assemblage particulièrement intéressant avec des joints plus importants. On peut se procurer des galets de différentes grosseurs à la gravière.

De nombreux producteurs proposent des gravillons décoratifs et des graviers ronds triés par type de roche et par origine : les gravillons sont en général de taille 7/11, les graviers ronds allant jusqu'à 40/60. Ces matériaux en vrac sont vendus en sacs de 25 kilos ou à la tonne. Citons encore ici trois notions que l'on retrouve couramment dans le commerce de la pierre naturelle. Les « blocs » de pierre ou de roche sont des rocs qui se sont détachés des montagnes, ont été transportés et ont donc été polis par les fleuves ou les rivières. On désigne par « têtes de chat » de gros galets d'un diamètre de 10 à 15 cm. D'autres ont un diamètre d'environ 15 à 30 cm et sont également arrondis. Tous les pavés sont généralement proposés au poids, parfois par unités de surface (m^2). Le tableau ci-après donne des indications utiles pour leur commande.

Pavés de petite taille, figure libre

Blocs de pierre en bordure

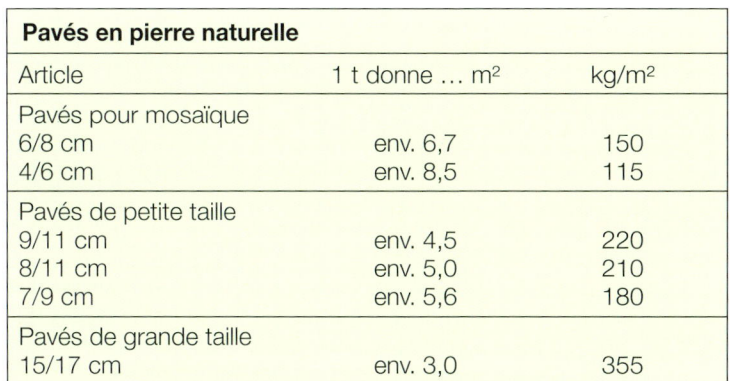

Pavés en pierre naturelle		
Article	1 t donne … m^2	kg/m^2
Pavés pour mosaïque		
6/8 cm	env. 6,7	150
4/6 cm	env. 8,5	115
Pavés de petite taille		
9/11 cm	env. 4,5	220
8/11 cm	env. 5,0	210
7/9 cm	env. 5,6	180
Pavés de grande taille		
15/17 cm	env. 3,0	355

Types de roches

Les pierres naturelles sont constituées d'environ 40 minéraux différents. La façon dont se constituent ces agrégats détermine la résistance, la durabilité, la taille et la couleur de la pierre.

L'énumération ci-après présente les différents types de pierres utilisées pour le pavage ainsi qu'un résumé de leurs caractéristiques. Les pierres moins courantes sont précédées d'un astérisque. Si elles sont souvent très belles et particulièrement appropriées au pavage, on ne les trouve souvent qu'en matériaux recyclés et pas forcément dans la plupart des magasins.

Le granit : grain fin à gros ; taille selon le grain ; résistance quasi-illimitée ; grande palette de couleurs ; roche plutonienne courante et très employée.

Le gneiss : type de granit schisteux avec structure en couches ; dur, mais très précis à tailler ; noir, anthracite, blanc avec inclusions grises ou vertes, brun si ferreux, rouille.

Le quartzite : grain fin à gros, couches horizontales ; particulièrement dur et résistant, mais facilement séparable du fait de sa grande quantité de mica ; gris clair, gris foncé, vert et blanc, parfois brillant du fait des cristaux de quartz.

Le granit, le gneiss et le quartzite sont des roches dures très résistantes au temps. Les granits sont situés principalement dans les régions de l'Ouest (Bretagne avec des prolongements en Vendée, Normandie et Anjou), des Vosges, des Pyrénées, de la Corse et du Massif central avec des prolongements en Bourgogne du Nord et vers le Tarn au Sud.

Parmi d'autres roches dures, citons entre autres :

*La syénite et la diorite : grain fin à gros ; taille moyenne à difficile ; forte résistance ; vert foncé à noires.

*Le gabbro : grain gros ; taille moyenne ; très dur et résistant aux intempéries ; gris à vert.

*Le porphyre : grain fin homogène ; taille difficile variable ; dur et résistant, mais pas complètement au gel ; rougeâtre, jaunâtre, grisâtre. Gisements en Italie.

*Le diabase : grain moyen ; texture fine ; taille difficile ; très résistant aux intempéries ; vert foncé, blanc-vert.

*Le basalte : grain très fin, fissible ; taille difficile ; très résistant ; gris à noir, vert foncé.

*La mélaphyre : grain fin ; taille difficile ; forte durabilité ; très belle roche grise-verte-rouge.

Le tuf basaltique : compte également parmi les roches dures, n'est scié qu'en dalles.

Parmi les roches tendres, on utilise très souvent les pierres suivantes pour le pavage :

La dolomite : grain fin ; bonne taille ; roche calcaire la plus dure et également très résistante aux intempéries ; blanche à grisâtre ; polissable.

Le marbre : calcaire cristallin ; très bonne taille ; bonne résistance ; large palette de couleurs ; polissable. Courant. Peut présenter des veines ou marbrures.

Le grès : grain fin ; bonne taille ; très résistant ; bleu à gris-jaune et brunâtre.

Citons également le **grauwacke** de la même famille et que l'on trouve notamment en Alsace : grain fin ; parfois très dur ; gris avec agrégats sombres. Pour la petite histoire, le mot allemand grauwacke est un ancien terme signifiant mineur.

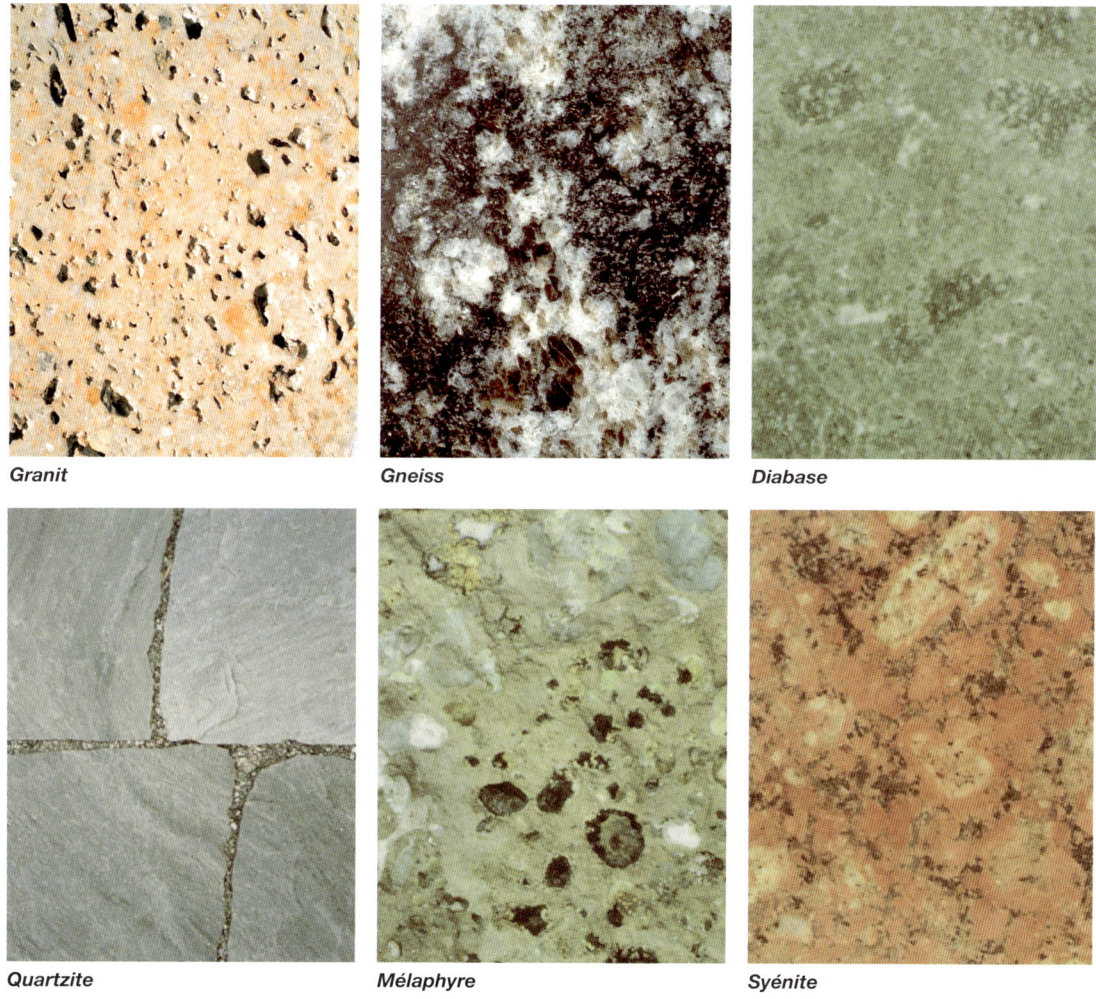

Granit

Gneiss

Diabase

Quartzite

Mélaphyre

Syénite

Dalles en pierre naturelle

Autrefois, les dalles en pierre naturelle étaient obtenues par taille de la roche à l'aide de coins. Aujourd'hui, on trouve sur le marché de plus en plus de dalles sciées. Les dalles taillées ont un plus bel aspect que celles sciées du fait de leur structure de surface intéressante et de leurs bords bruts irréguliers. Le sciage comporte cependant des avantages fonctionnels. En effet, on peut ainsi fabriquer des dalles de plus grande taille dans les épaisseurs souhaitées et qui, du fait de leur surface absolument plane, peuvent tout aussi bien être utilisées en intérieur. Si l'on préfère des bords irréguliers, les arêtes des dalles sciées peuvent être modifiées manuellement.

Outre les dalles rectangulaires découpées à l'aide de coins ou sciées, il existe également des dalles découpées en forme de polygone.

Toutes les dalles ont en général une taille d'environ 0,25 m² au minimum. On préférera dans tous les cas de plus grands formats à partir de 0,33 m². Les dalles de grande taille dégagent un effet apaisant.

Les dalles sont disponibles dans le commerce dans des largeurs fixes et avec des longueurs spéciales, c'est-à-dire avec une longueur égale à la largeur ou bien supérieure. En règle générale, les largeurs s'échelonnent de 5 cm en 5 cm, de 15 à environ 40 cm. Les dalles existent en gneiss (dans toutes les variantes pour des dalles découpées avec des coins), en granit (surtout sur mesure), en quartzite, en porphyre et en tuf basaltique (voir chapitre précédent). Les revêtements en dalles peuvent aussi être constitués de roches tendres ou de roches stratifiées, décrites brièvement ci-dessous.

Les roches calcaires : en font partie le calcaire coquiller, le travertin, le tuf calcaire, les calcaires lithographiques, le marbre. Les roches calcaires sont très différentes, du fait de leurs diverses compositions minérales, en termes de durabilité, de structure et de couleur. Les tons clairs gris-jaune dominent. On les trouve dans pratiquement tous les pays européens.

Le calcaire coquiller : uniquement utilisable en intérieur, car allant du grain gros jusqu'à des structures très poreuses ; taille facile ; résistance illimitée ; gris à bleuâtre, gris clair à jaunâtre, avec inclusions jaune dorée ; polissable ; très répandu.

Le travertin : structure changeante, de compacte à poreuse ; taille facile ; résistance selon structure ; jaune, ocre à brun.

Le tuf calcaire : d'abord tendre et poreux, il durcit après taillage en quelques semaines ; belle structure ; taille facile ; durable ; couleur discrète, blanc/jaune.

Les calcaires lithographiques : roches très stratifiées ; taille facile ; résistance réduite en plein air, illimitée s'il n'y a pas de contact avec l'humidité ; blanchâtres à jaunâtres.

La molasse : issue de formations sédimentaires détritiques ; taille difficile ; très dure et résistante ; grise, jaunâtre ; recueillie à la base des hautes montagnes et dans les vallées fluviales proches des montagnes.

Le grès : structure disparate, grain fin à gros, parfois avec pores ; taille facile ; résistance selon mélange des minéraux et leur cimentation ; il existe un grand nombre de couleurs : tons rouges, bruns clairs, jaunâtres, verdâtres ; très courant.

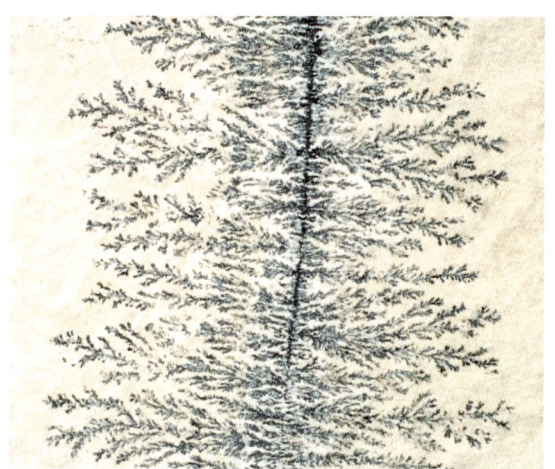

Calcaires lithographiques

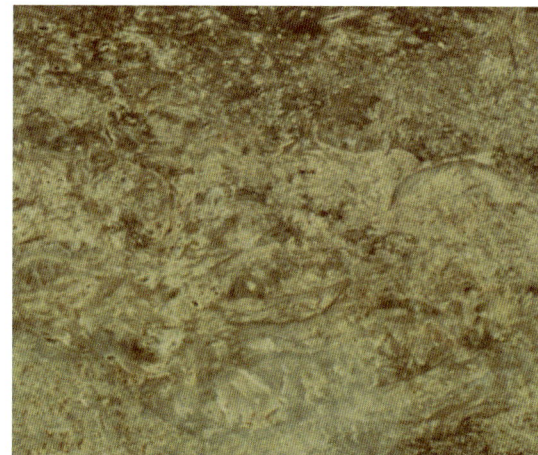

Calcaire coquiller

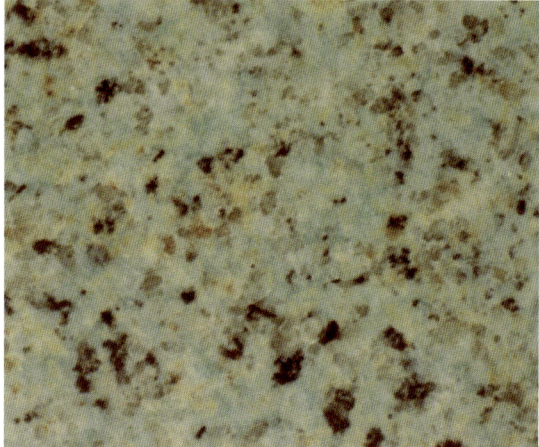

Travertin

Tuf calcaire

Gravier, cailloux, sable

Gravillons 9/11

Grains ronds 16/32

Les matériaux en vrac comme le gravier, les cailloux et le sable sont des agrégats minéraux de roches naturelles. On calcule leur quantité en mètres cubes ou selon leur poids en tonnes. On distingue les matériaux issus d'une taille (gravillons ou cailloutis) des matériaux entiers (sable, gravier). Ils sont tamisés selon la taille de leurs grains et vendus à partir des gravières. Il existe des graviers de tailles de grains de 4/8, 4/16, 4/32, 8/12, etc., jusqu'à 32/X. Le descriptif contient la taille des plus gros/des plus petits grains en millimètres.

Les grains fins sont utilisés comme gravier décoratif, pour saupoudrer par exemple un revêtement poreux. Les grains moyens à gros sont utilisés pour remblayer des puits, car ils ne se compactent pas ultérieurement.

On utilise les cailloutis comme le gravier. On peut utiliser les grains les plus fins 2/5 ou 5/8 afin de poser directement des dalles par-dessus ou bien d'y insérer des pavés. Les matériaux de plus grande taille (comme le ballast ou les cailloutis pour chaussées) sont utilisés pour remblayer des lieux de passage ainsi que des places. Grâce à leurs bords et leurs arêtes, les pierres se calent bien les unes contre les autres.

Les couches porteuses en cailloutis peuvent être immédiatement carrossables et sont très stables. Les cailloutis de tous les types de grains obtenus par taille durcissent fortement sous l'action de l'eau (humidité du sol, précipitations ou ajout volontaire).

Le calcaire libéré lors de la taille de la roche d'origine constitue un liant. On peut de ce fait en faire usage pour réaliser un revêtement de chemin poreux simple à mettre en œuvre et économique. Il est principalement constitué de cailloutis à gros grains appliqués par couches successives dans lesquelles on incorpore de l'eau pour former une boue qui comblera les vides.

Les sables ont des tailles de grains inférieures à 8 mm. Le sable naturel permet une pose directe. Si le béton à base de gravier paraît trop grossier pour les travaux de pose, on peut alors utiliser à la place un lit de mortier à base de sable naturel. Le sable siliceux ou quartzeux est le plus approprié pour des murs ou des escaliers.

On n'applique jamais plus d'une couche de 1 millimètre. Mélangé à de l'eau et à du ciment, le sable siliceux ou quartzeux permet de recoller des dalles et des pierres auparavant scellées au mortier. On utilise du sable concassé ou broyé pour le revêtement de chemins poreux ou pour fermer les joints d'un pavage, car il durcit. Pour le jointoiement, en particu-lier de briques, certaines précautions sont à prendre : si le sable concassé contient une grande quantité de calcaire, un voile peut subsister sur le revêtement ou des efflorescences de chaux peuvent pénétrer dans les joints.

Astuce écolo

Si vous n'êtes pas contre un peu de verdure dans les joints, utilisez de préférence du sable naturel pour jointoyer.

Cailloutis 22/32

Tailles des grains des sables, gravillons, graviers et cailloutis	
Sable pour béton	0/4 mm matériau rond
Sable pour chape	0/8 mm matériau rond
Sable concassé	0/3 mm matériau taillé
Gravillon fin	2/5 mm matériau taillé
	5/8 mm matériau taillé
Gravillon	16/32 mm matériau taillé
Cailloutis	32/56 mm matériau taillé
Gravier décoratif	4/8 mm matériau rond
	8/16 mm matériau rond
Gravier roulé	32/63 mm matériau rond
	32/X mm matériau rond
Gravier antigel	0/16 mm matériau rond
	0/32 mm matériau rond
Tout-venant	0/X mm matériau rond non lavé
	0/35 mm matériau rond non lavé

Grains ronds 32/25

Briques

Briques sur palettes

Briques à emboîtement

Différents formats de briques

Les briques peuvent être réalisées de toutes les dimensions, mais, généralement, elles ont une forme caractéristique de parallélépipède rectangle. Leur forme peut cependant varier suivant leur utilisation : la brique sera plus ou moins épaisse si elle est utilisée dans un mur ou pour une toiture. De plus, la taille de la brique est adaptée à une prise par une seule main, ni trop grosse ni trop lourde, tandis que l'autre main manipule le mortier. Une caractéristique fondamentale est que la longueur soit deux fois égale à l'épaisseur (la boutisse), plus un joint. Les briques traditionnelles ont des dimensions variables :

La brique de Ninive : 25 x 27 x 15 cm

La brique de Toulouse : 33 x 25 x 6 cm

La brique de Bourgogne : 22 x 11 x 6 cm

La brique de Paris : 21,5 x 11 x 5,5 cm

La brique Saint-Bernard : 33 x 16, 26 x 8,13 cm

Si on souhaite réaliser une surface au sol avec un drainage apparent, mais en même temps un revêtement de chemin solide sur lequel peuvent rouler des automobiles, on peut opter pour des briques pour drainage de surface. Elles existent, par exemple, dans les dimensions 20 x 10 x 5,2 cm ou 24 x 11,5 x 7,1 cm.

Avec des briques pour rigoles (environ 30 x 12 x 6,2 cm), on peut réaliser des conduites pour l'écoulement d'eau. Pour des raccords de murs et d'escaliers, il existe dans le commerce des briques profilées aux arêtes arrondies ou chanfreinées.

En général, les chemins pavés de briques peuvent être empruntés par des véhicules si les briques font au minimum 5 cm d'épaisseur. Il existe des cubes de pavés ou des dalles cubiques de 6 x 6 jusqu'à 40 x 40 cm et d'une épaisseur de 3 à 7 cm.

Pour les formats rectangulaires, les dimensions traditionnelles de 25 x 12 x 6,5 cm, 24 x 11,5 x 7,1 cm ou 5,2 cm (format normal ou mince) et 22 x 10,5 x 5,2 cm côtoient des tailles variées selon les revendeurs. Les briques appelées « briquettes » mesurent 24 x 6 x 6,2 cm ; il existe également des pavés à emboîtement en terre cuite en forme de double

T de dimensions 24 x 11,5 cm. On tolère des variations de taille par rapport au modèle type allant jusqu'à 4 % en plus ou en moins.

Outre les formats de briques mentionnées ci-dessus, il existe également des pavés en brique dite « hollandaise ». Les formats hollandais sont les suivants : Kei 19,5 x 8,5 x 9,2 cm ; Platkei 19,5 x 8,5 x 7,0 cm ; Dik 19,5 x 8,5 x 6,4 cm ; Wall 19,5 x 8,5 x 4,8 cm ; Tegel 19,5 x 19,5 x 6,8 cm.

Pour donner aux briques un aspect aussi naturel que possible, leur surface est souvent structurée (moulage à la main, sablage, gaufrage et autres) ou le bord visible chanfreiné. Les briques n'ayant pas une finition optimale

ont un caractère de matériau naturel souvent très esthétique ; de même, les briques quelque peu brûlées sont souvent plus belles que celles d'un rouge vif.

Les briques peuvent être posées en rangées bord à bord, sans joints. Mais il est alors quand même préférable, pour des raisons esthétiques, de prévoir un étroit joint saupoudré de sable. Les différents assemblages possèdent une résistance similaire. Dans la partie « Les bases » sont explicitées différentes possibilités de pose des briques.

Le tableau ci-après indique le nombre de briques nécessaires par mètre carré de revêtement pour différentes tailles.

Dalles en briques

Quantité nécessaire de briques par mètre carré de revêtement correspondant			
6 x 6 cm	272	29 x 14 cm	22
18 x 18 cm	29	20 x 12,5 cm	37
20 x 20 cm	23	(Forme de S)	
24 x 24 cm	16	21 x 17 cm	27
24 x 11,5 cm	35	(Forme de poisson)	
24 x 11,5 cm	42	20,5 x 20,5 cm	22
(Pavé à emboîtement)		30 x 14,5 cm	22
20 x 10 cm	48	(Brique pour gazon)	

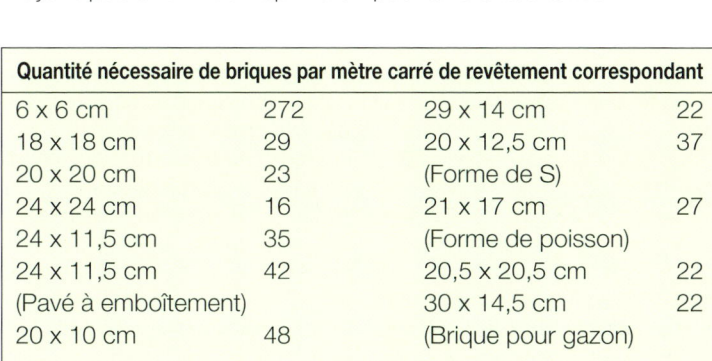

Briques de trottoir de récupération

Matériaux appropriés au jointoiement

Saupoudrage des joints

Finition des joints aux gravillons

Joints semés de verdure

Les joints maintiennent en place l'assemblage des pierres et compensent les mouvements éventuels de l'infrastructure sur laquelle ils reposent. On ne peut de ce fait jointoyer qu'avec du mortier si l'infrastructure est constituée d'un lit de béton rigide. Si on réalise la pose sur une infrastructure tendre, les pavés ou les dalles seront susceptibles de se déplacer légèrement suivant le mouvement de l'infrastructure. Des joints rigides se fissureraient. Pour les infrastructures non stabilisées, on utilise alors du sable naturel 0/4 ou des gravillons 2/5 (plus petits grains de cailloutis). Le sable naturel et les gravillons ne durcissent pas et permettent ainsi à l'eau de s'écouler librement à travers les joints.

Cependant, on doit prévoir nécessairement une pente, car, au fil des ans, la poussière ambiante se dépose et obstrue les joints. Des joints parsemés de gravillons sont très stables du fait des arêtes en biais des grains, mais ne sont pas très satisfaisants en termes d'aspect esthétique. On obtiendra un résultat plus satisfaisant en parsemant les gravillons d'une couche de matériau plus fin, comme du sable naturel ou concassé 0/3. Dans des joints remplis de sable concassé (appelé également sable broyé), la végétation aura du mal à pousser. En effet, le calcaire libéré durant le broyage durcit le matériau de jointoiement et empêche les semences de s'y déposer.

Le mortier est réalisé sur une base de 3 ou 4 volumes de sable naturel, d'un volume de ciment au tuf et d'eau. On ajoute celle-ci jusqu'à obtention d'un mélange humide. La pierre naturelle perd de ses propriétés du fait du jointoiement au mortier.

La solution la plus flatteuse à l'œil consiste en une masse de jointoiement à base de sable ou de gravillons mélangés à un tiers de semences de gazon et d'humus finement tamisés. La surface de revêtement sera ainsi moins dépouillée grâce à cette petite touche de verdure dans les joints, tout en restant tout autant utilisable. Cette variante est souvent utilisée pour les rampes d'accès pour véhicules de pompiers, des rampes d'accès larges ou les grandes places, afin d'égayer la monotonie de la pierre.

Les principaux outils

Dans ces deux pages, vous trouverez une rapide description des outils indispensables pour paver vous-même cours et chemins. Le bricoleur passionné possède souvent déjà nombre d'entre eux. Pour chaque type de réalisation, vous trouverez dans la partie « Outils », au début de chaque travail, les illustrations des différents outils que vous devez utiliser au fil des étapes d'avancement.

Outils pour mesurer et positionner

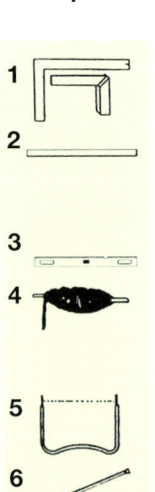

1 Équerre : sert à positionner des pavés rectangulaires, etc.

2 Règle à niveler : pour niveler la couche d'égalisation avant la pose des dalles.

3 Règle : pour la disposition.

4 Cordeau : pour poser des pavés simples et à emboîtement le long d'une ligne de fuite.

5 Niveau à eau : pour niveler une infrastructure.

6 Pointe pour cordeau : sert pour les alignements.

7 Niveau à bulle : pour contrôler l'horizontalité et la verticalité.

8 Mètre pliant : en bois, se déplie sur 1 ou 2 m.

Outils pour le travail de la terre

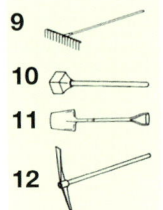

9 Râteau : pour niveler le sol.

10 Fouloir : pour compacter.

11 Bêche : pour ameublir la terre.

12 Pioche : pour travailler la terre (surfaces dures et pierreuses).

Outils de pose

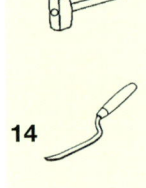

13 Masse : sert à planter les pointes pour cordeau, à positionner grossièrement les pavés, etc.

14 Fer à joint : utilisé comme gouge ou comme fer plat.

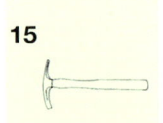

15 Marteau de maçon : avec la partie antérieure fine de la tête, on réalise les travaux délicats. La partie postérieure sert à la « frappe ».

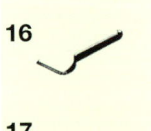

16 Ciseau large : burin doté d'un tranchant. Utilisé pour enlever les plus petites irrégularités des pierres.

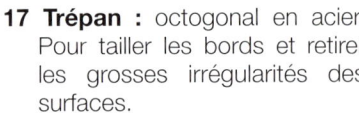

17 Trépan : octogonal en acier. Pour tailler les bords et retirer les grosses irrégularités des surfaces.

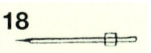

18 Ciseau pointu : pour exécuter le gros œuvre sur les surfaces.

Appareils électriques et machines

19 Marteau piqueur : pour les travaux de burinage grossiers.

20 Bétonnière : pour mélanger de grandes quantités de béton.

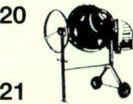

21 Perceuse : avec rotation droite/gauche, pour les travaux de vissage.

22 Tambour à câble : pour au moins 50 m de câble.

23 Chargeur compact : pour le transport et le déblaiement.

24 Marteau burineur : pour les travaux de burinage moyens.

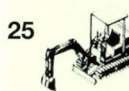

25 Mini-excavatrice : utilisée, par exemple, pour le déblaiement de fondations ou de bassins.

26 Plaque vibrante : pour compacter du remblai.

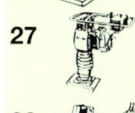

27 Compacteur vibrant : pour des surfaces plus petites de remblai.

28 Rouleau compresseur : idéal pour compresser et compacter.

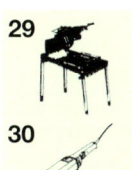

29 Scie à dalles : adaptée au sciage humide de dalles en pierre, de briques recuites.

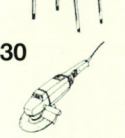

30 Meuleuse d'angle : pour la découpe sèche de pierres. Dégage beaucoup de poussière.

Outils pour le travail du bois

31 Scie à archet : pour la découpe.

32 Rabot : pour lisser les bois.

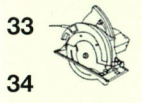

33 Scie circulaire : pour scier rondins et bois équarris épais.

34 Foret à bois : pour les pré-trous.

35 Lime à bois : pour limer et pour chanfreiner les arêtes.

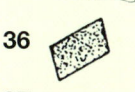

36 Papier de verre : pour lisser le bois après limage.

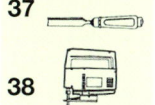

37 Ciseau : pour réaliser des entailles et encoches.

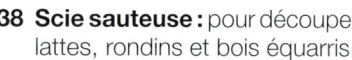

38 Scie sauteuse : pour découper lattes, rondins et bois équarris.

Outil supplémentaire

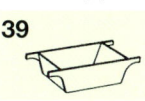

39 Auge à mortier : pour préparer le mortier ou mélanger le béton.

Faire un plan

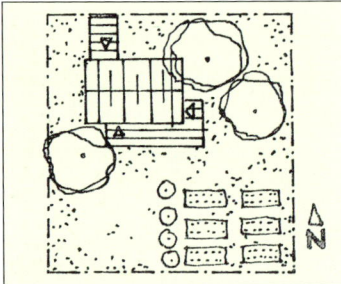

1

2

3

Les cours et les chemins pavés sont non seulement fonctionnels, mais ils constituent également des éléments décoratifs du jardin. Lors de la planification de l'aménagement, il convient ainsi de respecter certaines règles de base en termes d'agencement et d'aspect pratique.

Un jardin peut également être réalisé par étapes, selon les moyens financiers et le temps disponibles. Si on planifie son agencement à long terme, on peut également prendre du temps pour le réaliser.

1 Réalisez un plan à l'échelle de votre terrain en créant les axes de passage de A à Z. Prenez en compte les différences de niveau et tous les facteurs qui déterminent l'agencement du jardin : position exacte de la maison, caractéristiques du paysage qui peuvent servir de points de fuite (vue, vieux arbres, etc.).

Les chemins doivent permettre l'accès à toutes les parties du jardin et les relier de façon judicieuse. Des allées incurvées donnent une tonalité organique au jardin et se fondent très bien dans sa forme générale. Des chemins rectilignes reflètent une certaine sérénité et ne lasseront pas au fil des années.

Un chemin partant du centre du jardin et menant à la maison brise l'image générale de façon inadéquate. Enfin, les allées et chemins ne doivent pas revêtir une trop grande importance. Ils ne doivent constituer qu'un des éléments du jardin.

2 Un chemin principal menant à la maison et fréquemment emprunté nécessite des matériaux plus résistants qu'un chemin secondaire. En règle générale, plus un revêtement s'applique à une portion éloignée de la maison, plus il peut être allégé. Vous pouvez ainsi dans certains cas ne revêtir le petit chemin menant au coin où vous stockez le compost que d'écorces, tandis que le chemin principal menant à la maison sera de préférence pavé de solides pierres naturelles. Pour des allées incurvées, optez plutôt pour des pavés de petit format.

3 Faites en sorte que les matériaux s'harmonisent avec le style et la façade de la maison.

Pour un type de construction rustique, vous choisirez de préférence du bois et de la brique, tandis qu'une architecture moderne se mariera davantage avec des lignes douces et de la pierre naturelle, des dalles en béton et des galets. Maison et jardin ne doivent pas coexister séparément l'un de l'autre, mais former un tout. Un raccordement au niveau du sol du jardin et de la maison est souvent particulièrement esthétique. Prévoyez alors une marche avec un joint d'environ 2 cm de large entre le mur de la maison et la marche afin que l'eau de surface ne puisse pas s'infiltrer dans la maison.

4 Le climat est également un facteur important à prendre en compte lors du choix des matériaux. Pour des régions connaissant de fortes et fréquentes intempéries, des dalles en pierre ou des pavés sont davantage appropriés que du sable ou du gravier. Choisissez de préférence de la brique, des dalles et des pavés non gélifs.

5 Les chemins constituent une transition entre l'architecture et la nature environnante. Vous évite-

rez donc des contours trop rigides et figés.

4

Astuce écolo

Si vous laissez pousser de l'herbe, de la mousse ou des fleurs de rocaille sur les bordures du chemin, celui-ci s'harmonisera parfaitement avec l'image générale du jardin.

6 La largeur du chemin varie aussi selon son utilisation prévue. Un chemin menant à la maison doit avoir une largeur de 1,20 à 1,50 m, pour permettre, par exemple, de laisser passer une poussette ou que l'on puisse se croiser facilement en l'empruntant. Des chemins secondaires sont plus étroits. Une largeur de 60 à 100 cm suffit.

Des dalles formant un sentier sont particulièrement adaptées à un potager. Elles ont une largeur de 40 et 50 cm et sont posées avec un intervalle de 65 cm.

7 Tous les chemins et cours comportent une pente transversale et longitudinale pour l'évacuation des eaux de surface. La pente

5

6

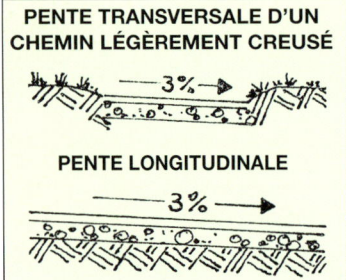

PENTE TRANSVERSALE D'UN CHEMIN LÉGÈREMENT CREUSÉ

← 3% →

PENTE LONGITUDINALE

3% →

7

8

9

part de la maison et l'eau de pluie doit être évacuée vers les surfaces de gazon et de plantations dans un déversoir relié à la canalisation. Une pente de 1 à 3 degrés suffit, selon la consistance de la surface de revêtement. Plus le revêtement est grossier, plus la pente doit être prononcée. Les chemins réalisés sur un terrain nivelé comportent également une légère pente longitudinale afin de favoriser l'accumulation latérale des eaux de surface.

Prenez garde à ne pas drainer sur un terrain public. On peut réaliser des chemins légèrement au-dessus ou en dessous du niveau du sol. Un chemin légèrement surélevé permet aux eaux de s'écouler facilement. La surélévation ne doit pas être trop visible.

Un chemin légèrement creusé dans le sol nécessite une bonne pente longitudinale, car il va récupérer des eaux de surface s'écoulant du terrain environnant. Des chemins tracés dans le gazon ou bien en bordure d'une surface gazonnée doivent se situer dans le prolongement de ceux-ci en termes de hauteur afin de faciliter leur tonte.

8-9 La déclivité longitudinale sert à compenser les pentes du terrain. Celles-ci ne doivent pas dépasser 7 %, soit une différence de hauteur de 7 cm pour 1 m de longueur. En cas de pente plus prononcée, on doit prévoir des paliers ou des escaliers.

Les escaliers sont faciles à emprunter si on respecte une règle de base : double hauteur de marche et largeur de marche = 65 à 70 cm. Cette mesure correspond à la longueur moyenne d'un pas.

Si l'on utilise une hauteur de marche supérieure, la largeur de marche se réduit proportionnellement, et inversement. Pour une hauteur de marche de 15 cm, on obtient ainsi une largeur de marche de 35 cm. Pour un escalier long, on intercale des niveaux intermédiaires. Sa longueur est calculée par rapport à la largeur de marche de la dernière marche plus le nombre des pas prévus x 65 cm. À chaque intervalle, le pied prenant appui sur la marche doit changer. Pour une meilleure évacuation des eaux de surface, il est recommandé de créer une pente vers l'avant d'environ 2 % pour chaque marche.

Déterminer la position et la hauteur

Lors de la mesure et de la délimitation du tracé du chemin, on doit être particulièrement précautionneux et demander si possible l'aide d'un tiers.

1 Vous avez réalisé un croquis à l'échelle 1/100 ou 1/50 et vous connaissez donc le tracé du chemin. Reportez tout d'abord grossièrement le tracé du plan sur le terrain à l'aide d'un double mètre rigide ou d'un mètre ruban et de sable. Prenez les mesures en centimètres du plan, transposez-les en mètres et calculez alors le tracé de votre chemin sur le terrain. Posez tout d'abord des pierres comme marquage, puis reliez ces points à l'aide d'un mince trait de sable. Travailler au décimètre près est largement suffisant. Vous disposez maintenant des contours de votre chemin devant les yeux.

2 Vient à présent la disposition exacte des contours et de la hauteur du chemin à l'aide du cordeau et des pointes pour cordeau. Utilisez une masse pour planter les pointes pour cordeau. Pour tous les types de tracés de chemins, plantez les pointes verticalement dans le sol exac-tement aux bords extérieurs du chemin. Pour des chemins incur-vés, à intervalles de 1 m ; pour des chemins rectilignes, à inter-valles maximaux de 1 m, pour éviter que le cordeau ne pende. L'intervalle entre les deux ran-gées de pointes correspond à la largeur exacte du chemin, plus environ 1 cm, les pointes se trou-vant légèrement à l'extérieur des bords du chemin.

Si vous voulez être absolument sûr de réaliser des angles par-faitement exacts, vous pouvez les vérifier lorsque le cordeau est tendu. Pour des cours ou des zones de pavage rectangulaires, vous pouvez également vérifier la longueur des diagonales. Vous aurez réalisé un tracé correct si elles sont égales à environ 2 à 3 cm près. Si besoin, vous pou-vez reculer les pointes de quel-ques centimètres.

3 Déterminez maintenant les hauteurs. Examinez avec soin le terrain et déterminez la hauteur du revêtement ultérieur.

Là où l'eau ne doit pas s'infiltrer (seuil de porte, escalier de cave, porte de garage, puits de lumiè-

1

2

3

4

5

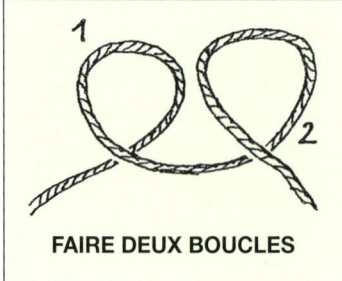

FAIRE DEUX BOUCLES

6

re, etc.), prévoyez 1 à 2 cm de profondeur de revêtement supplémentaires.

Là où il faut réaliser un raccordement avec un ancien revêtement (par exemple au niveau d'un trottoir), prévoyez 1 cm de plus pour le revêtement, afin de palier d'éventuels tassements ultérieurs. Vous pouvez maintenant déterminer si la pente est suffisante ou si vous devez prévoir éventuellement des paliers ou des marches.

Il est facile de reporter les hauteurs sur les pointes à l'aide d'un outil à niveler. Tendez le cordeau sur les pointes à l'horizontale exacte, au-dessus de la totalité de la surface à paver. Le cordeau est à la hauteur du point le plus haut du revêtement à poser, par exemple à la hauteur du seuil d'une porte (= hauteur de 0 cm).

4 Disposez le cordeau de sorte à pouvoir atteindre toutes les pointes du tracé à l'aide de la règle à niveler et du niveau à bulle. Sur chaque pointe, marquez d'un trait de craie le niveau de hauteur 0. À l'aide du niveau à bulle posé sur la règle à niveler, vérifiez

ensuite que les marquages sont bien au même niveau.

5 Vous disposez maintenant de la même hauteur sur chaque pointe. Marquez maintenant au-dessous de cette hauteur 0 la hauteur finale correspondant à la pente que vous souhaitez imprimer. À une distance de 1 m par rapport au point le plus haut du chemin, auquel vous avez attribué la hauteur 0, déduisez la pente souhaitée en centimètres. Marquez ces hauteurs minimales sur les pointes et reliez-les à l'aide de cordeaux.

6-7 Lorsque vous reliez les pointes avec le cordeau, utilisez un nœud adéquat afin de faciliter la tension ultérieure des ficelles. Faites attention que le cordeau ne pende pas et vérifiez les mesures encore une fois. Si vous possédez un niveau à fioles, vous n'avez pas besoin de tendre les cordeaux, ni de reporter les hauteurs avec le niveau à bulle et la règle à niveler. Le tuyau transparent n'est pas rempli complètement d'eau et est obturé aux deux extrémités. La hauteur du niveau de l'eau au début du tuyau correspond exactement à la hauteur du niveau de l'eau à l'autre extrémité lorsque vous tenez en l'air les deux extrémités du tuyau des deux mains. Vous tenez alors une extrémité du tuyau au point le plus haut du chemin (par exemple le seuil de la porte) afin que le niveau de l'eau corresponde à la hauteur 0.

Vous pouvez alors reporter sur chaque pointe pour cordeau la hauteur 0 en maintenant l'autre extrémité du tuyau et en marquant sur la pointe l'indication du niveau de l'eau.

8 Vous pouvez travailler encore plus rapidement et précisément avec un niveau automatique. Vous pourrez l'utiliser en particulier si vous avez planté un grand nombre de pointes pour cordeau pour une délimitation compliquée, si vous voulez travailler autour d'un angle de la maison ou encore si vous devez mesurer de nombreux paliers.

Une fois que vous avez placé l'appareil et que vous l'avez positionné à l'aide du niveau à bulle, le réticule de l'objectif indique toujours la même hauteur, où que vous orientiez le regard.

Cette hauteur 0 de l'appareil change évidemment à chaque nouvel emplacement.

Une fois que vous avez positionné et ajusté l'appareil, maintenez un double mètre à la verticale avec le 0 en bas aligné exactement sur la hauteur 0. Si le seuil de la porte d'entrée constitue le point le plus haut du revêtement, maintenez-le alors à 1 à 2 cm plus bas. Visez le double mètre à travers l'objectif et faites le point. Lisez la valeur que donne le double mètre à la hauteur du réticule.

9 Visez ensuite chacune des pointes pour cordeau. La deuxième personne se tient à proximité avec un mètre et le positionne en l'ajustant jusqu'à ce que vous lisiez finalement la même valeur dans le réticule que celle que vous aviez auparavant en visant le point le plus haut.

Au niveau de la marque 0 cm du mètre, marquez alors à nouveau sa hauteur 0. Si vous voulez imprimer une pente de 5 cm, le mètre doit alors être descendu jusqu'à ce que vous puissiez lire une valeur de 5 cm dans le réticule de l'appareil.

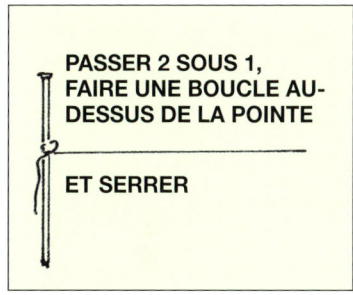

7

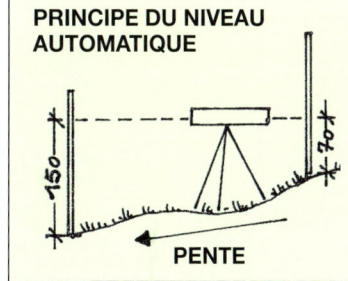

8

9

Excaver ou niveler

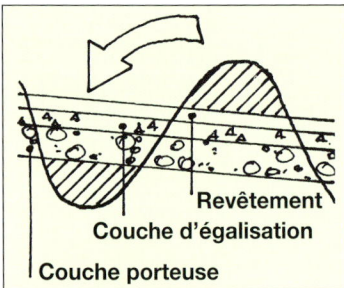

Revêtement
Couche d'égalisation
Couche porteuse

1

2

3

1 Une fois que vous avez tendu tous les cordeaux, préparez le sol ou la plate-forme. Les spécialistes parlent d'excavation lorsqu'il s'agit de creuser un sol. À l'intérieur du tracé réalisé avec les cordeaux, la terre végétale doit être creusée assez profondément sous le niveau des cordeaux afin que la couche porteuse ou la couche d'égalisation et le matériau de revêtement soient ultérieurement au même niveau que le sol du terrain.

Si celui-ci est au contraire inférieur au niveau de la plate-forme préconisée, vous devez remblayer et compacter le sol afin d'éviter des affaissements de terrain ultérieurs. Le compactage s'effectue à l'aide d'un fouloir manuel. La profondeur d'excavation dépend de la charge (voir le tableau page 39). Par précaution, vérifiez les propriétés du sol.

2 La surface préparée correspond au revêtement du chemin en tenant compte de la pente et de la constitution de la surface. Des inégalités de +/- 5 cm ne posent généralement aucun problème. Vérifiez la pente du sol en la mesurant avec le mètre en dessous des cordeaux tendus. Creusez une largeur supplémentaire d'environ 10 cm de chaque côté des bords du chemin, afin de pouvoir insérer convenablement des pavés ou des dalles dans la couche d'égalisation le long des bordures.

3 Le travail de déblaiement et d'excavation du sol à l'aide de pioche, de pelle et de brouette, est assez pénible. Si vous envisagez des aménagements de grande ampleur dans le jardin, il est préférable de louer une mini-excavatrice ou un chargeur compact avec leur conducteur. Cela vous sera d'une grande aide.

L'accès au jardin doit cependant être suffisamment large. L'emploi d'engins d'excavation nécessite un terrain sec. Des sols humides se compactent sous l'effet de la charge d'engins lourds et empêchent alors l'infiltration des eaux de surface. La terre végétale en surface devant être ultérieurement plantée ne doit pas être détruite par l'utilisation de machines. Les matériaux pour les revêtements de chemins sont difficiles à manutentionner. Les briques sont, par exemple, livrées sur palettes. Elles sont transportées sur place par un chariot élévateur (ou un porte-palettes équipé de fourches pour palettes).

4 Si la terre est creusée à la machine, aplanissez-la ensuite grossièrement avec la pelle. Les sols qui sont sableux et meubles doivent être compactés à l'aide d'un fouloir manuel ou bien d'une plaque vibrante.

5-6 La terre déblayée peut servir ultérieurement à l'agencement du jardin : accumulez ce remblai à l'endroit souhaité du jardin et plantez-le ou semez-le de gazon. Vous pouvez aussi faire évacuer la terre par la société qui assure l'excavation. Pour une excavation manuelle, il est possible de commander un conteneur (différents volumes possibles) qui pourra être évacué sitôt rempli.

4

5

6

Tableau pour excavation et nivellement		
	Sols argileux	Sols sableux
Entrée de garage		
Profondeur de radier	38-45 cm	23-45 cm
Couche porteuse	35-40 cm	20-45 cm
Couche d'égalisation	3-5 cm	3-5 cm
Chemin pavé		
Profondeur de la plate-forme	23-35 cm	18-25 cm
Couche porteuse	20-30 cm	15-20 cm
Couche d'égalisation	3-5 cm	3-5 cm
Chemin dallé		
Profondeur de la plate-forme	23-35 cm	18-25 cm
Couche porteuse	20-30 cm	15-20 cm
Couche d'égalisation	3-5 cm	3-5 cm
Chemin en gravier		
Profondeur de la plate-forme	16-23 cm	11-18 cm
Couche porteuse	15-20 cm	10-15 cm
Couche d'égalisation	1-3 cm	1-3 cm

Préparation de l'infrastructure

Pour l'infrastructure, le cailloutis et le gravier sont aussi appropriés l'un que l'autre. Le tout-venant est particulièrement économique. Il est résistant au cisaillement, il n'est cependant pas résistant au gel. Conseil : prévoyez une fondation drainante avec du béton granuleux sur une couche drainante (gravier, sable…) et réalisez la couche de stabilisé avec un mélange de 10 portions de sable pour une portion de ciment.

1 Déposez à présent sur la base compactée le matériau d'infrastructure pour la couche porteuse avec le grain le plus gros possible (par exemple, du gravier antigel). Ce matériau à base de pierres et perméable peut être compacté et stabilisé et compense les éventuels gels et gonflements du revêtement du chemin sous l'action du froid. L'épaisseur est fonction de la charge ultérieure prévue et du type de sol existant. Selon l'épaisseur, vous obtenez en compactant une épaisseur de gravier d'infrastructure de 2 à 3 cm. Prévoyez de remblayer les bords latéraux de la couche porteuse d'environ 10 cm de plus en largeur.

2-3 Compactez la couche porteuse avec le fouloir manuel ou la plaque vibrante. Le fouloir suffit pour les petites surfaces.

Pour compacter suffisamment, remuez trois ou quatre fois la couche de gravier nivelée à l'aide du râteau ou de la pelle. À l'aide de la règle à niveler, vérifiez que la couche porteuse est suffisamment plane. La couche d'égalisation va ensuite être appliquée sur la couche porteuse compactée, sur laquelle on va poser le revêtement. Utilisez du sable ou du gravillon fin (3 à 8 cm).

1

2

3

Poser des briques profilées

Les briques en béton et les briques sont profilées industriellement. Les briques en béton (mais pas les briques foraines) sont ainsi exactement semblables en format et en épaisseur les unes aux autres, ce qui simplifie énormément la pose.

Pour la pose de briques profilées, la couche d'égalisation doit être parfaitement plane. Les briques sont directement posées pardessus. Des matériaux en pierre naturelle irréguliers doivent au contraire être insérés aux bonnes hauteurs dans la couche d'égalisation lors du pavage.

1 Pour étaler la couche d'égalisation, vous avez besoin d'au moins deux tuyaux métalliques rectilignes (canalisations) ainsi que de plusieurs planches longues et droites ou règles à niveler. Celles-ci existent dans des longueurs de 1, 1,5, 2 et 2,5 m. Pour la couche d'égalisation, utilisez du sable naturel 0/4 ou du gravillon 2/5 ou 5/8. Les deux matériaux se tassent lorsque l'on aplanit le revêtement, d'environ 1 cm pour le sable et 0,5 cm pour le gravillon. La surface réalisée est ainsi à un niveau en des-

sous du cordeau correspondant à l'épaisseur de la pierre moins 0,5 à 1 cm. Posez les tuyaux à droite et à gauche de la surface à étaler et positionnez-les exactement à cette hauteur sur un lit de sable ou de gravillons. Afin que les tuyaux soient parallèles à la pente, vérifiez à nouveau soigneusement le niveau sous les cordeaux avec le mètre ainsi qu'avec le niveau à bulle.

1

2 Remplissez l'espace entre les tuyaux de sable ou de gravillons. Posez à droite et à gauche sur les tuyaux la règle à niveler ou une planche suffisamment longue et large. Déplacez-la vers vous en la soulevant légèrement à droite et à gauche. Une fois que vous avez ainsi étalé la surface, retirez délicatement les tuyaux et refermez les rigoles résiduelles avec du sable ou du gravillon.

2

Astuce de pro

Faites en sorte qu'un petit remblai de gravillons se forme continuellement devant la planche, signe que la couche d'égalisation étalée ne présentera pas de concavités.

3

4

5

6

3 Sur cette couche d'égalisation parfaitement plane épousant la pente souhaitée, posez ensuite les briques profilées en rangées les unes contre les autres. Sur une rangée sur trois, vérifiez régulièrement en posant la règle à niveler que les rangées sont bien rectilignes et parallèles aux bords de départ et d'arrivée. Rectifiez immédiatement les inégalités ; les erreurs de pose risqueraient sinon de s'accumuler.

Vous pouvez réaliser une pose avec joints ou sans joints – bord à bord. Pour les joints, il existe pour ce faire des grilles régulières.

4 Les briques profilées sont posées vers l'avant, c'est-à-dire que vous vous déplacez sur la surface déjà posée et que vous poursuivez la pose en avant vers l'extrémité, afin de ne pas endommager le lit de pose. Prenez soin de réaliser des joints bien réguliers et sablez-les aussitôt, afin que les briques ne basculent pas lorsque l'on marche dessus.

Pour éviter de devoir sabler chaque nouvelle rangée posée, posez une grande planche sur les briques jusqu'au prochain sablage.

5 Une fois que vous avez fini la pose sur toute la surface, consolidez les bords avec une cale pour mortier. Mélangez le mortier à base de ciment et de sable dans une brouette dans les proportions 1/5 en ajoutant de l'eau jusqu'à obtenir une consistance humide à mouillée.

Il suffit de déposer le mortier sur une largeur d'environ 10 cm le long du bord du revêtement avec la pelle. Comprimez transversalement le mortier à l'aide d'une truelle jusqu'à 2 à 3 cm sous le bord supérieur du revêtement contre la brique. Humidifiez éventuellement avec un peu d'eau.

6 Lorsque la cale est stable, vibrez le revêtement avec la plaque vibrante louée qui est équipée d'une semelle en caoutchouc spéciale afin de protéger la pierre. Les joints doivent avoir été sablés avant le vibrage et le revêtement soigneusement nettoyé. Avec la plaque vibrante, travaillez en croix, rangée par rangée, et vibrez de façon très régulière. Sablez à nouveau une ou deux fois en humidifiant, et le revêtement peut enfin être immédiatement utilisé.

**MODÈLES DE POSE
POUR BRIQUES PROFILÉES DE FORMAT RECTANGULAIRE**

TYPE DE POSE « PARQUET »

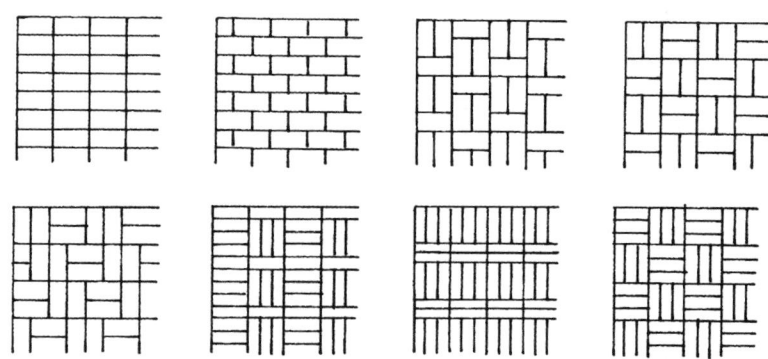

**MODÈLE « ÉCAILLES DE POISSON »
ÊTRE ATTENTIF À LA BONNE RIGIDITÉ DES BORDS**

MODÈLE EN TREILLIS

Pavage

1

2

3

Qu'il s'agisse de galets, de pavés en pierre ou de dalles, tous les matériaux en pierre naturelle ont un point commun : ils ont en général une épaisseur irrégulière. Il en découle que, lors de la pose, chaque pierre ou chaque dalle doit être positionnée séparément à la bonne hauteur dans la couche d'égalisation.

Pour la pose de pavés en béton comme pour celle de pavés en pierre naturelle, le revêtement du chemin est situé à 0,5 à 1 cm au-dessus du bord supérieur du revêtement ultérieur avant le tassement. Ce qui correspond à la marge dont s'enfonce la couche pendant le tassement. Tendez d'emblée les cordeaux un peu plus haut et maintenez les pierres naturelles en dessous.

Il en est autrement pour les briques profilées : dans ce cas de figure, les cordeaux ont rempli leur tâche lorsque la couche d'égalisation est étalée.

1-2 Disposez votre poste de travail comme suit : entre et sous les cordeaux, vous pelletez gravillons ou sable en quantité suffisante. Les matériaux en pierre naturelle sont posés « en arrière », le dos à l'extrémité du revêtement final et en s'éloignant de la surface déjà pavée. Le matériau en pierre est posé à côté de vous sur la couche d'égalisation grossièrement aplanie.

Pour chaque pierre, abaissez à la hauteur appropriée le lit de gravillons. Positionnez la pierre d'une main et frappez-la légèrement une ou deux fois de l'autre ; plus vous positionnez ainsi fermement chaque pierre, plus le revêtement sera plan après le vibrage. L'art du paveur consiste ainsi dans le choix de chaque pierre, afin d'obtenir une surface finale stable étroitement jointoyée.

3 Les pavés en pierre naturelle sont irréguliers. Afin que les rangées soient homogènes, réalisez trois rangées à l'aide de pavés de trois tailles différentes. Chaque

---

Astuce de pro

Les cordeaux ne doivent entrer en contact avec aucun autre élément, au risque de fausser tout le calcul des hauteurs ainsi que de la pente.

pavé que vous prenez trouvera dès lors sa place. Les petits dans la rangée étroite, les grands dans la rangée large.

Il faut paver les rangées en travers par rapport à la direction dans laquelle vous travaillez. Les pavés pour mosaïque ou de petits formats doivent être posés avec des joints aussi étroits que possible (0,5 cm maximum). Toujours pour des raisons de stabilité, vous éviterez également les joints croisés. Pour ce faire, le plus facile est encore de débuter une rangée avec une pierre étroite et la suivante avec une pierre plus large.

4 Vérifiez une rangée sur deux afin d'être sûr que vous pavez toujours de façon rectiligne. Pour vous aider, tendez des cordeaux tous les 0,5 m en travers de la direction de progression. Posez la règle à niveler sur la dernière rangée et mesurez avec le mètre jusqu'au cordeau de repère suivant. Reculez quelque peu la pierre avec la règle si la rangée est un peu incurvée. Vérifiez la bonne hauteur de la pierre à l'aide du niveau à bulle. Les petites différences de hauteur disparaîtront au moment du tassement.

5 Évitez de paver dans du mortier. Le revêtement du chemin sera suffisamment stable sur une infrastructure de gravier et de sable. Pour la pose dans du mortier sec, procédez de la même façon que pour la pose dans du gravillon, puis tassez. Le mortier durcit sous l'action de l'humidité du sol, des eaux de pluie ou des eaux contenues dans les boues. Vous pouvez étanchéifier les joints en les remplissant de mortier humide à l'aide du fer à jointoyer. Balayez ensuite soigneusement la surface et rincez-la avec une éponge humide.

Vous obtiendrez un bel aspect en saupoudrant les joints de sable concassé ou naturel. Le sable concassé durcit en s'humidifiant, tandis que le sable naturel permet la pousse de végétation dans les joints.

6 Vous pouvez aplanir les pavés en pierre sans semelle en caoutchouc. Vous procédez en croix, rangée par rangée. Vous pouvez niveler certaines petites inégalités de niveau par un tassage ciblé. Procédez avec précaution près de marches ou des murs d'une maison.

4

5

6

7

Pour les zones que l'on ne peut pas atteindre avec la plaque vibrante (angles), vous devez les tapoter manuellement avec le maillet en caoutchouc.

7 Il peut enfin être utile de tailler ou de découper les pierres à une taille spécifique. C'est par exemple le cas si vous souhaitez raccorder des rangées en diagonale à un dessin rectiligne. Si de nombreuses découpes sont à réaliser, vous pouvez louer un appareil de découpe de pierres mécanique ou un concasseur. Pour la taille manuelle, il faut un ciseau plat ou large et une masse. Posez le pavé sur un support stable sableux ou placez-le sur un bois équarri. Avec un peu d'habileté, vous pouvez tailler un petit pavé en trois ou quatre coups.

8 Les pavés pour mosaïque et de petite taille sont particulièrement mis en valeur s'ils sont posés selon un dessin spécifique. Le pavage en arc de cercle est un classique. Ce type de pavage est très résistant du fait de la trame constituée par l'assemblage des arcs de cercle. Ceux-ci doivent être posés en montant afin qu'ils se calent toujours mieux avec le temps et forment ainsi un ensemble des plus stables. Le pavage en arc de cercle demande une certaine habitude et le respect de certains principes de base : pour disposer régulièrement les arcs de cercle, tendez les cordeaux entre chaque point d'intersection de deux arcs. Depuis le sommet de l'arc de cercle vers ses côtés, les pavés sont de plus en plus petits. Vérifiez à l'aide d'une règle en aluminium que les cercles contigus ont une hauteur égale. La jonction entre un arc pavé et le bord du pavage doit être perpendiculaire, tout comme la jonction entre deux arcs de cercle.

9-10 Le pavage dit libre est généralement le plus beau : les pavés pour mosaïque sont alors posés avec des joints étroits sans suivre de schéma précis.

8

9

10

Poser des dalles

La pose de dalles en béton s'effectue comme celle des briques profilées sur une couche d'égalisation. Pour positionner fermement les dalles, utilisez cependant un maillet en caoutchouc au lieu d'un marteau de paveur. Cela vaut également pour les dalles en pierre naturelle. Celles-ci seront mises en place avec une semelle en caoutchouc de protection ou à l'aide d'un rouleau vibrant.

1 Posez les dalles en pierre naturelle dans un lit de gravillons de la même façon que les pavés en pierre naturelle. Elles ne sont cependant pas tapées avec fréquence, mais tapotées et positionnées à la bonne hauteur avec le maillet en caoutchouc.

Si vous posez les dalles en rangées, tendez pour chaque rangée de dalles un cordeau-guide dans la direction de pose souhaitée. Après chaque rangée, vous tendez le cordeau pour la rangée suivante. Vérifiez à chaque fois avec la règle à niveler et le niveau la pente sur toute la surface. Les joints ne doivent pas dépasser une largeur de plus de 1 à 1,5 cm. Scellez les joints avec du sable à grains fins.

Si vous voulez poser les dalles sur du mortier, déposez celui-ci à la pelle section par section sur l'infrastructure. Tapotez chaque dalle deux ou trois fois pour positionner celle-ci à la bonne hauteur. Le mortier doit venir remplir environ 1/3 du joint par en bas. Jusqu'au durcissement après environ 20 heures, la surface ne sera empruntée prudemment qu'une seule fois pour sabler les joints.

2 La pose de dalles découpées de façon irrégulière n'est pas simple. Il faut ici utiliser la forme naturelle des dalles afin de les faire correspondre au plus près les unes aux autres.

Procédez de la façon suivante : positionnez tout d'abord les dalles de façon à obtenir des joints les plus réguliers possible. Évitez les joints croisés, les longs joints transversaux et les angles aigus. Taillez ensuite les dalles. Aplanissez à l'aide d'un marteau, détaillez les dalles depuis les bords extérieurs en faisant se détacher des strates vers le bas. Le pourtour des dalles pourra alors être plus facilement taillé depuis la face supérieure à la forme souhaitée.

1

2

3

Une autre possibilité consiste à entailler les dalles de 1/3 à 2/3 avec une meuleuse. Les dalles peuvent alors être plus facilement taillées par le haut. L'arête visible a alors un aspect effrité et non parfaitement découpé.

3 Les éclats de roche (n'oubliez pas vos lunettes de protection !) résultant de la taille peuvent être intégrés tels quels dans l'infrastructure qui n'est pas encore recouverte de dalles. En réalisant la pose, essayez d'obtenir des joints les plus étroits possible.

À l'aide d'un ciseau aiguisé ou d'un marteau en caoutchouc, taillez précautionneusement les arêtes afin d'obtenir une largeur de joint aussi minime que possible. Lorsqu'une dalle est parallèle et dans le prolongement de l'autre, on obtient un résultat quasi parfait qui reflète tout le travail effectué avec soin.

Les joints sont souvent plus larges lors de la pose de dalles polygonales. Si on laisse de la végétation y pousser, l'effet visuel est optimal.

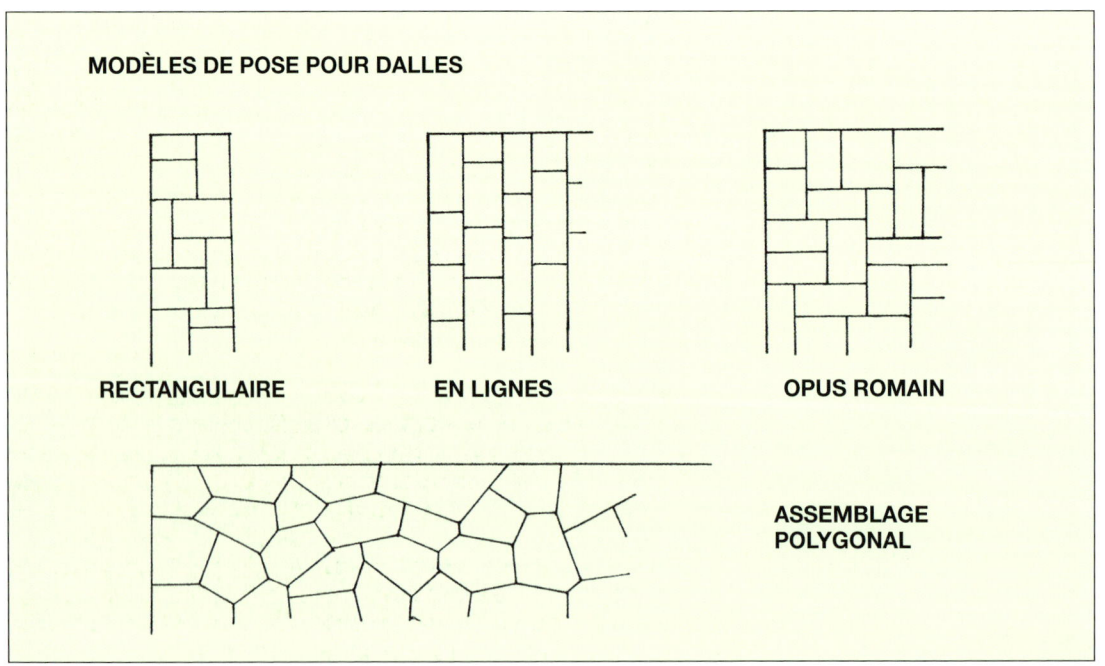

MODÈLES DE POSE POUR DALLES

RECTANGULAIRE

EN LIGNES

OPUS ROMAIN

ASSEMBLAGE POLYGONAL

Réaliser un revêtement poreux

Un revêtement dit « revêtement poreux » tire sa résistance du fait de son remblai de différentes grosseurs de grains déposé par couches et compacté. C'est ainsi que se calent les éléments en vrac les uns aux autres. Par ajout d'eau, le calcaire libéré de la roche lors du concassage s'agglomère. Le revêtement du chemin reste alors poreux et perméable.

1 La disposition des différentes couches d'un revêtement poreux peut prendre l'aspect suivant. Après l'excavation, déposez le gravier d'infrastructure une fois compacté à une hauteur de 8 à 10 cm sous le cordeau. Ajoutez pour la couche suivante 5 cm de matériau concassé : des gravillons 5/8 ou 8/16, mais de préférence du béton minéral.

À l'aide des cordeaux, aplanissez cette couche avec le râteau à exactement 2 cm. Après tassement (l'humidification du matériau évite les dégagements de poussière), la couche ainsi formée a encore une épaisseur d'environ 3 à 4 cm. Ajoutez ensuite le sable concassé (4 à 5 cm d'épaisseur) et aplanissez par rapport aux cordeaux. Après tassement,

la fine couche de revêtement à base de sable concassé s'étend uniformément à 1,5-2 cm sous le cordeau.

2 Humidifiez ensuite toute la surface à l'aide d'un tuyau muni d'une pomme d'arrosage. Puis compactez le revêtement. Travaillez de façon optimale avec une plaque vibrante ou un rouleau à gazon. Un dernier saupoudrage du revêtement avec du gravillon décoratif (4/8, 2/5, 8/16 ou 5/8) permet de faire disparaître les légères inégalités.

3-4 Les bords du revêtement poreux peuvent être délimités : de radiers de briques, de bordures de trottoir ou de briques rectangulaires, de pavés inégaux ou de bois d'épicéa.

2

3

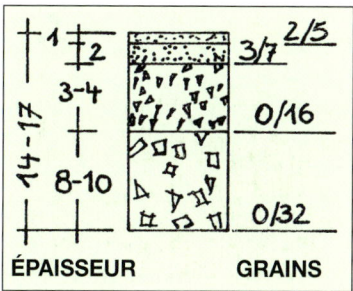

1

4

Pose de consolidations de bordures

1

2

3

Si le terrain peut être nivelé, vous n'êtes pas obligé de réaliser des bordures de chemin surélevées.

1 En règle générale, vous utiliserez le même matériau que pour le revêtement. De nombreuses délimitations ou bordures en béton sont disponibles dans différentes tailles dans le commerce.

Une surface en brique peut être délimitée visuellement par une plate-forme en briques. Les briques sont ensuite posées en hauteur en travers de la bordure. Vous pouvez consolider esthétiquement les pavés en pierre naturelle avec des bordures du même matériau ou des pavés inégaux d'une taille plus ou moins grande. Les dalles à bords inégaux ou les dalles en pierre naturelle ne sont en général bordées que d'une cale pour mortier. Tendez le cordeau à la hauteur finale souhaitée le long du bord intérieur de la bordure du revêtement. Creusez une tranchée suffisamment large pour le matériau et compactez-la à l'aide d'un fouloir manuel ou à moteur. Creusez-la suffisamment profond pour pouvoir y appliquer le matériau et environ 10 cm de mortier sous le cordeau.

2 Utilisez un mortier tendre humidifié. Si vous mélangez manuellement, il faut du sable naturel 0/4 ou du gravier antigel 0/16 et du ciment dans une proportion 4 :1. Pour des bordures en briques, utilisez du ciment au tuf afin d'éviter les efflorescences.

Étalez le mortier sous le cordeau et disposez les pavés de finition de façon qu'ils soient à environ 2 cm au-dessus du cordeau. Tapotez-les à la hauteur souhaitée dans le lit de mortier. Les bordures en béton et les délimitations sont posées bord à bord, la brique et la pierre naturelle avec des joints de 0,5 à 1,5 cm. Les joints seront sablés.

3 Les chemins plus rustiques en gravier ou en écorce peuvent être encadrés à l'aide de rondins en bois. Pour ce faire, plantez des pieux en bois dans la terre à intervalles d'environ 2 m, déposez les rondins contre ceux-ci et fixez-les à l'aide de pointes. Les pieux ne doivent pas dépasser de plus de 3 cm au-dessus des rondins. Des bordures constituées de poutres en bois seront posées sur du béton perméable à granulation unique.

De la grille du jardin à la porte d'entrée

1

2

3

Le bel aspect du chemin d'accès à la maison en briques provient en fait d'un dallage en béton. Optez de préférence pour des dalles avec une surface lisse, car celles-ci s'harmonisent particulièrement bien avec les briques lisses et rouges.

Les briques et les dalles en béton existent avec et sans arêtes chanfreinées. Pour le même type de revêtement, utilisez la même facture afin que les joints entre les dalles et les briques restent homogènes.

1 Délimitez tout d'abord la surface et le tracé du chemin. Marquez l'entrée de la maison et la grille du jardin à l'aide de pointes, ainsi que les points au niveau desquels la pente ou la direction du tracé changent. Le revêtement doit être en retrait de 1 à 2 cm sous le seuil de la porte. S'il existe des marches sous la porte d'entrée, raccordez la marche inférieure au revêtement.

Tendez un cordeau de maçon au niveau 0 entre la pointe au niveau de la porte d'entrée et celle de la grille du jardin, afin de pouvoir étudier la disposition de la pente.

Matériaux
Briques et dalles en béton, ou dalles rectangulaires, gravier rond 0/32, gravillon 2/5

Outils

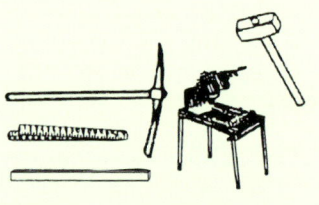

Niveau de difficulté

0	1	2	3
■			

Degré de force

0	1	2	3
■			

Temps nécessaire
Pour la réalisation de l'infrastructure et la pose, environ 45 minutes à 1 heure par m²

Si la hauteur du cordeau est supérieure au revêtement du trottoir, cela signifie que la pente part de la maison. Mesurez la hauteur jusqu'au trottoir et divisez cette différence par la distance jusqu'à la porte d'entrée de la maison en mètres. Le résultat donne l'inclinaison de la pente en pourcentage (par exemple 2 % = 2 cm de différence de hauteur sur 1 m de long).

2 Si le cordeau en dessous de la hauteur du revêtement touche le trottoir, cela signifie que la pente est dirigée vers la maison. Dans ce cas, il faut prévoir un palier qui va permettre à l'eau de s'évacuer à l'opposé de la grille du jardin et de s'écouler sur le côté.

L'évacuation des eaux ne nécessite un déversoir qu'en cas d'extrême nécessité. Imprimez à la surface une longueur de pente optimale de 2 %, une pente latérale de 1 à 2 % et faites en sorte que l'eau s'écoule dans des surfaces plantées adjacentes.

Calculez pour toutes les pointes entre la porte d'entrée et la grille du jardin les hauteurs minimales correspondantes et reportez-les

en dessous du marquage pour la hauteur du seuil. Tendez un cordeau à ces hauteurs minimales qui vont déterminer la hauteur finale du revêtement.

3 Selon l'épaisseur de la structure en couches, excavez ensuite 18 à 20 cm sous le cordeau. La structure doit mesurer 20 cm ; excavez cependant 1 à 2 cm de moins, car l'infrastructure se tasse quelque peu. Cela a également lieu lors du tassement de la couche porteuse. Une couche porteuse de 10 cm d'épaisseur doit donc s'élever jusqu'à environ 8 cm au-dessous du cordeau, afin qu'elle atteigne une hauteur de 10 cm sous le cordeau une fois à nouveau tassée. Pour la couche porteuse du chemin d'accès, utilisez du gravier rond de grains 0/32 mm.

4 Déposez le gravillon à grains 2/5 sur la couche porteuse compactée. Lors de l'utilisation de ce matériau, vous devez être particulièrement précis, car celui-ci se tasse au maximum de 1/2 cm pendant le vibrage ultérieur. Vous poserez les briques aussitôt après avoir étalé les gravillons (voir page 41).

4

5

6

7

8

9

5 Intercalez les dalles de béton à raison de 2 ou 4 éléments dans la surface de briques. Faites alors attention que le tracé des joints des briques ne soit pas perturbé par le jointoiement des dalles. Si vous avez acheté des dalles en taille 50 x 50 cm, vous devez les tailler aux mesures adéquates. Utilisez pour ce faire une scie à dalles sur établi ou une meuleuse. Tracez les mesures voulues sur la dalle et suivez ce contour pour la découpe. Ne posez pas les dalles de béton sur les lignes d'inflexion de la pente car celles-ci n'épouseront pas bien cette fracture.

6 Lors de la pose, prenez garde que l'orientation des joints soit toujours la même. Pour ce faire, tendez un cordeau, depuis la maison jusqu'au trottoir, à l'aide duquel vous pourrez marquer le tracé perpendiculaire des joints. Pour le contrôle de l'horizontalité des joints, tendez d'autres cordeaux perpendiculairement à ce dernier tous les 2 à 3 m.

7-8 Si vous avez respecté de cette façon l'orientation de l'assemblage des briques parallèlement à la bordure de la maison,

il peut arriver que le raccord avec le trottoir présente un joint orienté différemment. Pour y palier, la solution consiste à faire coïncider la brique correspondante au bord du trottoir. Tracez la largeur du joint sur la brique et découpez celle-ci avec la meuleuse ou un concasseur, ou bien optez pour une rangée de raccordement en pavés de granit.

9 La pose de dalles rectangulaires est une bonne alternative aux pavés de briques. En pose dite en « opus romain », elles constituent un superbe revêtement de chemin. Les dalles rectangulaires existent aussi bien en pierre naturelle qu'en béton. Pour la pose en « opus romain », les dalles rectangulaires sont posées de façon irrégulière et sans joints croisés. Les joints longs et transversaux doivent être évités car ils forment une sorte de ligne de séparation. Utilisez trois tailles de dalles différentes se combinant entre elles. Vous avez donc besoin de quantités différentes selon ces différentes tailles. L'opus romain a été conçu pour résister aux endroits les plus sollicités en zone urbaine. Son aspect permet de retrouver l'esthétique des anciens pavés en pierre. Ses trois formats peuvent être associés ou posés séparément. Lors de la pose, il est conseillé de mélanger les pavés provenant de plusieurs palettes, afin d'obtenir un effet harmonieux. Si vous utilisez des dalles en béton, achetez-en 40 % en 75 x 50 cm, 50 % en 50 x 50 cm et 10 % en 25 x 50 cm (les pourcentages correspondent à la surface totale en m²).

10 Choisissez une largeur de chemin de façon à obtenir un raccordement de bordure rectiligne et de disposer de suffisamment d'espace pour vous déplacer lorsque vous l'emprunterez.

Pour des tailles de 50 cm, cette largeur est de 1,25 m ; si vous utilisez des dalles de 40 cm, elle est de 1,2 m. Si l'accès à la maison est exclusif et est emprunté par des vélos, la construction du chemin se présente de la façon suivante : épaisseur des dalles plus 5 cm de couche d'égalisation en gravillon 2/5, plus 10 cm de couche porteuse en gravier rond 0/32.

Les délimitations et les travaux d'excavation et de remblai sont

réalisés comme décrits dans l'exemple du chemin en brique recuite.

11 Après vibrage de la couche porteuse, posez les dalles sur les gravillons en vrac. Tendez un cordeau le long des bords du chemin indiquant la hauteur et l'orientation. Posez les dalles une à une en travaillant « en arrière », c'est-à-dire en tournant le dos au bout du chemin et en faisant face à la surface déjà pavée. Pendant cette pose, contrôlez régulièrement la hauteur d'une dalle par rapport aux dalles contiguës à l'aide du niveau à bulle.

Astuce écolo
La largeur des joints ne doit pas dépasser 1 cm. Vous pouvez néanmoins augmenter leur largeur si vous avez l'intention de laisser pousser de la mousse ou de l'herbe dans les joints.

12 Les joints doivent être réguliers et parallèles et être orientés perpendiculairement par rapport au mur de la maison. Au niveau du raccordement avec le trottoir, on pose des dalles découpées sur mesure.

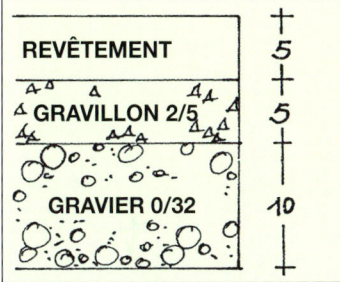

10

11

12

Accès au garage – deux propositions

Matériaux

Pavés de petite taille, gravier 0/32, cailloutis 35/55, gravillon 2/5, rigoles, dalles en brique recuite au choix

Outils

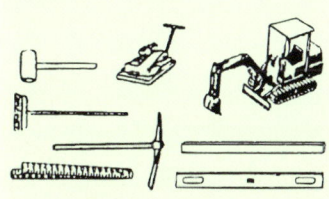

Niveau de difficulté

0	1	2	3

Degré de force

0	1	2	3

Temps nécessaire

Pour la préparation et la pose selon les matériaux choisis, 30 minutes à 2 heures

L'accès à un garage n'a pas besoin d'être toujours pavé ou d'être consolidé avec des dalles. Dans de nombreux cas, il suffit de le recouvrir d'un revêtement poreux. L'accès doit avoir une largeur minimale de 3 m, car on a besoin de place pour monter et descendre de voiture. Le plus facile est de se repérer par rapport à la largeur du garage.

Le chemin jouxtant l'accès au garage doit être pavé pour une meilleure résistance au trafic. Pour la largeur du chemin, on prévoit 1,4 à 1,6 m.

On fait courir une bande de pavés tout autour de la surface de l'accès au garage, afin d'améliorer la fonction du revêtement poreux. La bande de pavés comporte également des avantages techniques : les bords du revêtement poreux empêchent la prolifération de mauvaises herbes et une bordure solide sous la porte du garage garantit un accès sécurisé.

1 Délimitez le tracé prévu du chemin avec des pointes et contrôlez la pente (voir pages 35-37). Dans ce cas, il est aussi recommandé que les eaux puissent s'écouler

1

2

3

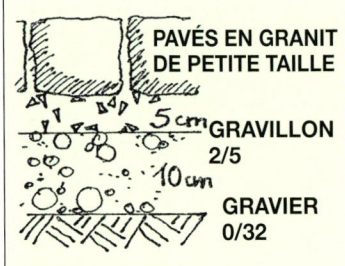

PAVÉS EN GRANIT DE PETITE TAILLE

5 cm GRAVILLON 2/5

10 cm

GRAVIER 0/32

4

5

6

vers une surface plantée, et exceptionnellement dans un déversoir. N'appliquez pas la pente au revêtement poreux !

2 Une fois que vous avez vérifié la disposition de la pente du chemin et de l'accès à réaliser, placez les pointes pour l'accès au garage, sur lesquelles vous reporterez les marquages nécessaires, puis excavez la totalité de la surface.

3 Le modèle de pose le plus simple pour le chemin en pavés de petite taille est la pose en rangées sans joints croisés. Commencez par les bords en posant trois rangées de pavés de petite taille dans du mortier comme délimitation du revêtement poreux. Si vous le souhaitez, vous pouvez réaliser cette délimitation en deux rangées, ce qui peut être plus esthétique pour un chemin étroit. Dessinez un croquis des deux possibilités afin de vous rendre compte de l'effet rendu.

4 La coupe montre la structure du chemin : 10 cm de couche porteuse en gravier rond 0/32, plus 5 cm de couche d'égalisation en gravillon 2/5, sur laquelle vont être posés les pavés en gra-

nit de petite taille. L'infrastructure doit être à une hauteur de 25 cm en dessous du cordeau après compactage. Pensez à la déformation de l'infrastructure lors du compactage et excavez 1 à 2 cm de moins (soit 23-24 cm).

Réalisez ensuite la bordure formée de trois rangées de pavés de petite taille posés dans le mortier. Si vous devez mélanger vous-même le mortier, réalisez un mélange de 4/1 de sable pour pavage 2/4 et de ciment. Si vous achetez un mélange prêt à l'emploi, demandez du B15 dans la quantité estimée.

5 Posez à présent, du côté dirigé vers la maison, les rangées de pavés de petite taille dans un lit de mortier. La largeur de la délimitation doit être d'environ 23 à 24 cm sur deux rangées, ou de 33 à 35 cm sur trois rangées. Évitez les joints croisés. Réalisez un socle latéral d'une hauteur de 2/3 de pavé sur le côté dirigé vers le revêtement poreux. Ce socle latéral doit rester à un niveau inférieur du côté intérieur du chemin, afin que l'on puisse poser sans problème les pavés de raccordement.

6 Après séchage du mortier (3 jours), étalez les gravillons et posez les pavés de petite taille « en arrière » sur le chemin. Vous pouvez choisir le type de joints selon votre goût. Pensez à bien sabler les joints si ceux-ci ont une largeur supérieure à 1 cm.

Si vous souhaitez faire pousser de l'herbe dans les joints, saupoudrez-les de terreau. Raccordez un revêtement avec des joints larges avec deux rangées de pavés posés serrés contre le revêtement du trottoir.

7 L'illustration montre la structure du revêtement poreux. La totalité de la structure en couches mesure 22 cm d'épaisseur. Il ne faut donc pas excaver la surface de l'accès aussi profondément que celle du chemin.

Posez une armature autour de la surface du revêtement poreux. Tendez un cordeau et appliquez une couche porteuse de gravier 0/32 sur l'infrastructure compactée. Après compactage, celle-ci doit avoir une hauteur de 15 cm sous le cordeau. Le compactage s'effectue de préférence avec un fouloir.

Posez sur cette couche porteuse deux ou trois rangées de pavés de petite taille dans du mortier mélangé selon les mêmes proportions que celles qui ont déjà été décrites plus haut. Puis appliquez sur l'infrastructure tassée des cailloutis 35/55 et compactez-la afin qu'elle ne mesure au final qu'une hauteur de 10 cm sous le cordeau. La surface supérieure de gravillons 15/30 doit correspondre à une hauteur de 3 cm sous le cordeau.

Les deux couches de raccordement sont humidifiées avant et pendant l'opération de compactage. Arrosez-les généreusement d'eau jusqu'à ce que toute la surface brille du fait de l'humidité. Il doit cependant n'y avoir aucune trace d'eau stagnante sur la surface. Utilisez un rouleau compresseur pour un parfait compactage de chaque couche.

8 Dans cet exemple, les éléments de rigole en brique recuite assurent l'écoulement des eaux. Ils évacuent l'eau et la conduisent dans une rigole d'évacuation intégrée entre l'accès au garage et le chemin et raccordée à la canalisation principale.

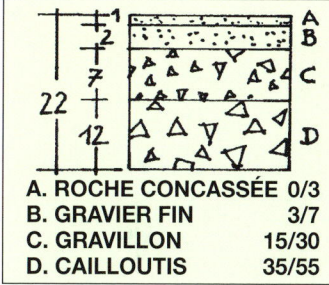

A. ROCHE CONCASSÉE 0/3
B. GRAVIER FIN 3/7
C. GRAVILLON 15/30
D. CAILLOUTIS 35/55

7

8

9

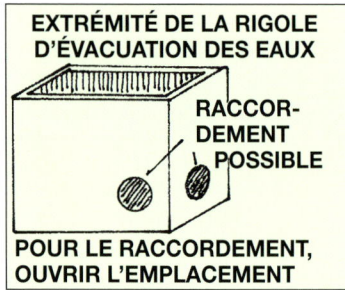

EXTRÉMITÉ DE LA RIGOLE D'ÉVACUATION DES EAUX

RACCORDEMENT POSSIBLE

POUR LE RACCORDEMENT, OUVRIR L'EMPLACEMENT

10

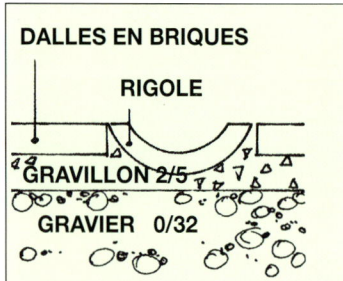

DALLES EN BRIQUES

RIGOLE

GRAVILLON 2/5

GRAVIER 0/32

11

12

Mettez en place la surface avec une pente de 2 % par rapport aux deux rigoles longitudinales. Si vous ne pouvez pas vous procurer de dalles de rigole, réalisez les rigoles à l'aide de pavés de petite taille. Délimitez à l'aide de pointes, puis excavez.

9 Intégrez en premier la rigole d'évacuation avec couverture devant le trottoir. Ces rigoles consistent en profilés en béton avec une pente intégrée. Elles existent dans le commerce en 1 m et 0,5 m de longueur.

Les rigoles d'évacuation sont réalisées en béton et équipées de socles latéraux. Pensez au raccordement à la canalisation et vérifiez avant d'insérer la rigole qu'un raccordement simple est facilement réalisable dans votre projet. Tendez un cordeau à la hauteur finale de la rigole d'évacuation des eaux. Vous devez réaliser une fondation en béton de 10 cm pour celle-ci.

10 La hauteur sous cordeau est alors calculée par rapport à la hauteur de la rigole plus 10 cm. Excavez et compactez la surface d'appui de la rigole.

Chaque élément de la rigole est posé sous le cordeau dans un lit de mortier et fermement positionné à l'aide de quelques coups de maillet en caoutchouc. À l'emplacement prévu en avant ou sur le côté de l'élément de raccordement, pratiquez au burin un passage pour le tuyau de raccordement à la canalisation. Ce raccordement sera rempli de mortier après le jointoiement du tuyau.

11 Une fois la rigole en béton en place, étalez la couche porteuse sur l'infrastructure compactée de l'accès au garage entre les deux rigoles longitudinales, puis compactez. Les rigoles vont reposer sur du gravillon et du gravier. Vous devez pour ainsi dire réaliser vous-même l'élément concave servant à l'écoulement des eaux au niveau des rigoles.

12 Après avoir posé les rigoles, réalisez la surface du revêtement en briques. La couche porteuse est étalée à la hauteur sous cordeau nécessaire, puis compactée. On pose les briques si possible bout à bout avec les rigoles sur la couche d'égalisation en gravillon.

Autour de la maison et vers le jardin potager

Matériaux
Gravier rond 0/32, gravillon 2/5, brique recuite, mosaïque en granit

Outils

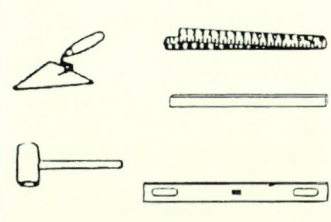

Niveau de difficulté

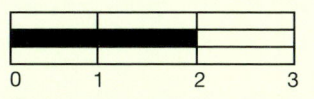

0 1 2 3

Degré de force

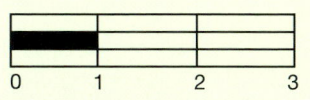

0 1 2 3

Temps nécessaire
1 heure par m² pour l'infrastructure et la pose avec des briques recuites et 2 heures pour la mosaïque

1 Si vous possédez un petit jardin, cantonnez-vous de préférence à un seul matériau lors de l'aménagement des chemins. Pour un chemin faisant le tour de la maison, un même matériau donne toujours l'impression à la personne qui l'emprunte d'être « guidée » dans la direction qu'elle suit. La brique est particulièrement adaptée à la réalisation de chemins du fait de ses tons argileux et de sa forme sobre.

Les combinaisons de matériaux entre brique et pierre naturelle donnent de très beaux résultats. Les plantes constituent un superbe contraste avec la terre cuite de la brique. Vous pouvez planter tout près des bordures du chemin si celui-ci est suffisamment large.

Cet effet est d'autant plus accentué si la bordure du chemin n'est pas lisse. Pour un revêtement en briques, posez chaque rangée dans des longueurs différentes et laissez-les se prolonger jusqu'aux massifs.

2 Prenez en compte qu'un revêtement sombre nécessite un contraste avec des plantations

1

2

3

4

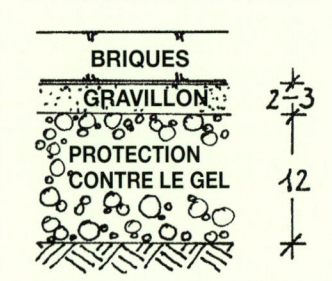

5

6

plus claires. Les plantes à feuilles claires poussent le plus souvent dans des zones ensoleillées. Il est conseillé de ne pas utiliser des matériaux dotés de surfaces totalement lisses dans les zones ombragées, au risque de les rendre dangereusement glissants sous l'effet de l'eau de pluie ou de la mousse sur les pierres. Utilisez des matériaux avec des surfaces brutes (pavés) et prévoyez dans tous les cas une pente, afin que les eaux de pluie soient évacuées de la surface du chemin.

3 Aménagez l'embranchement du chemin vers le potager de façon particulière. Dans l'exemple suivant, le raccordement de ce chemin est « découpé » dans la surface du chemin circulaire. Il en résulte un décalage. Celui-ci peut être en biais, mais un raccordement rectiligne fait également de l'effet.

4 Si vous travaillez souvent dans le potager, il peut être judicieux de renforcer le chemin qui y conduit. Vous ne serez plus entravé par un terrain lourd ou un gazon malencontreux. Tracez le chemin autour de la maison d'une largeur de 80 cm à 1,20 m. Si vous souhai-

tez déposer des vélos directement contre la maison, ajoutez 60 cm à la largeur prévue.

5-6 Délimitez le tracé du chemin avec le nombre approprié de pointes et marquez la hauteur finale du revêtement avec une craie grasse sur les pointes.

L'évacuation des eaux est assurée par des pentes latérales vers des surfaces plantées ou gazonnées. Si le chemin débouche directement sur la maison, fixez la hauteur finale à 1-2 cm sous le bord de l'enduit de façade. Dans le cas de maisons neuves, cette précaution n'est plus nécessaire si vous disposez d'un enduit d'étanchéité. Orientez-vous par rapport à la hauteur du seuil de la porte d'entrée pour déterminer la hauteur finale du revêtement du chemin. Restez en dessous de 1 à 2 cm et reportez cette hauteur à l'aide de la délimitation avec le cordeau.

Respectez le même écart de hauteur pour le bord supérieur des puits de lumière. Déterminez la pente et tracez sur chaque pointe la hauteur sous le cordeau. Puis tendez le cordeau.

Vérifiez une fois encore la pente à l'aide d'un niveau à bulle que vous maintenez contre une pointe légèrement en dessous du cordeau. La bulle d'air monte en direction du point le plus haut ; les marquages sur le niveau du tuyau donnent des informations sur l'importance de l'inclinaison.

La structure du chemin est constituée comme suit : 12 cm de couche porteuse/couche antigel en tout-venant 0/X que vous obtiendrez en direct auprès d'une gravière. Vous pouvez remplacer le tout-venant par du gravier rond en taille de grains 0/32 ou par du béton minéral, dont les grains concassés ont une taille de 0/30 ou 0/60. Vous déposerez sur cette couche antigel une couche de sable de 3 cm d'épaisseur. Posez les briques sur cette couche. Attention : les éléments granuleux du gravier antigel s'agglomèrent au fil des tassements.

Pour une couche de 12 cm d'épaisseur, vous devez donc appliquer 14 cm de matériau. Le sable se comporte de la même façon. Si vous utilisez ce matériau, prévoyez donc une hauteur supplémentaire de 1 à 2 cm.

Si vous posez les briques sur du gravillon, la hauteur supplémentaire est beaucoup plus faible ; vous pouvez donc ici prévoir un maximum de 1 cm d'écart. Si vous utilisez du gravier et du sable pour la structure du chemin, excavez de 20 cm sous le cordeau et appliquez le gravier antigel après compactage de l'infrastructure sur 5 à 6 cm sous le cordeau. Après tassement, cette couche est à 7-8 cm sous le cordeau. Cela est suffisant pour une couche d'égalisation en sable d'une épaisseur de 2 à 3 cm. Posez enfin les briques tout autour de la maison sur la couche d'égalisation lissée.

7 Délimitez l'embranchement du chemin vers le potager à l'aide de pointes ainsi que le tracé de ce chemin. Les deux chemins sont ainsi à la même hauteur.

8 Un chemin dans un potager doit avoir un but ou se terminer sur un élément concret. Mettez le chemin du potager en valeur en le faisant déboucher sur un banc depuis lequel vous pourrez admirer votre œuvre. Ou menez le chemin jusqu'à un massif de fleurs.

7

8

Les pieds au sec à travers le potager

Matériaux

Dalles en béton 35 x 35 cm et pavés en granit de grande taille, ou planches en sapin ou en écorces, gravier rond 0/32, gravillon 2/5

Outils

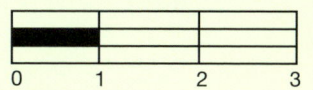

Niveau de difficulté

0	1	2	3

Degré de force

0	1	2	3

Temps nécessaire

Pour l'infrastructure et la pose de pas entre les allées, environ 45 minutes par m^2

1 Posez de petits pas de chemin entre les allées du potager ; vous faciliterez ainsi vos travaux de jardinage.

Il est cependant important de disposer d'emblée d'un chemin facilement praticable reliant le potager à la maison. Vous devez pouvoir l'emprunter avec une brouette. Disposez également au bord de ce chemin l'installation pour compost, afin que les déchets ménagers et provenant du jardin puissent y être tous aisément transportés. Pour de plus grands jardins, optez par exemple pour une allée pavée de dalles de béton lisses, délimitée par des pavés en granit de grande taille. Délimitez le tracé du chemin d'une largeur de 1,35 m et marquez la hauteur finale du revêtement. Une pente transversale de 2 % assurera l'évacuation des eaux de pluie vers les surfaces plantées.

2 Excavez de 20 cm au-dessous du cordeau et tassez soigneusement l'infrastructure. Commencez par positionner les pavés de grande taille directement sous le cordeau dans un lit de mortier de 5 cm d'épaisseur. Les pavés

1

2

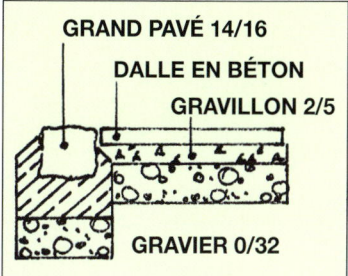

GRAND PAVÉ 14/16

DALLE EN BÉTON

GRAVILLON 2/5

GRAVIER 0/32

3

4

5

6

doivent s'insérer aux 2/3 dans le mortier (socle latéral). N'élevez pas trop le socle latéral contre la face intérieure du chemin. Il faut garder de la place pour le revêtement adjacent.

3 Après séchage du mortier (3 jours), vous pouvez appliquer la couche antigel (gravier rond 0/32) sur 6 à 7 cm au-dessous du cordeau selon la pente, puis compacter. La couche se tasse alors de 1 à 2 cm.

De ce tassement dépend la quantité de sable ou de gravillons que vous allez devoir appliquer. Soustrayez de l'écart entre le cordeau et la surface supérieure de la couche antigel l'épaisseur du revêtement (ici des dalles en béton) ; le nombre de centimètres restant plus 2 cm correspond à l'épaisseur de la couche d'égalisation de sable.

4 Les dalles sont posées une à une dans le lit de sable. Travaillez en arrière, en vous éloignant de la surface posée. Les dalles sont posées en croix. Il faut conserver des joints homogènes. Les joints peuvent être sablés ou bien parsemés d'un mélange à base de terreau ou de gravillons. Vous pouvez alors y semer à des endroits précis du poivre de muraille (orpin jaune ou orpin âcre), des saxifrages ou de la mousse.

5-6 La consolidation du chemin à l'intérieur du potager n'a pas besoin d'être aussi solide que celle d'un chemin de jardin. La diversification des surfaces plantées nécessite des matériaux de pose facile, afin de pouvoir aisément les enlever si besoin. Utilisez par exemple des planches de sapin brutes de 2,5 à 5 cm d'épaisseur. Posez-les sur une couche d'égalisation de sable ou de gravillons (3-4 cm). Excavez l'infrastructure de l'épaisseur des planches plus celle de la couche d'égalisation, puis compactez-la avec le fouloir manuel. Posez les planches sur le sable et positionnez-les fixement en quelques coups de maillet. Cette consolidation durera suffisamment longtemps pour deux ou trois périodes de végétation.

Astuce écolo
N'utilisez jamais de planches traitées avec des produits toxiques dans votre potager.

Un chemin en pierre naturelle dans le jardin

Matériaux

Pavés en granit de petite taille, gravillon 2/5, gravier rond 0/32, sable 2/4

Outils

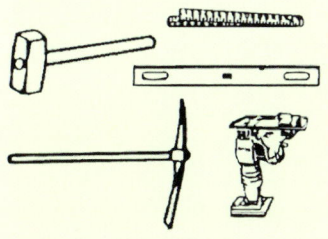

Niveau de difficulté

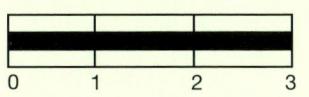

| 0 | 1 | 2 | 3 |

Degré de force

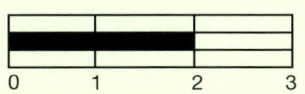

| 0 | 1 | 2 | 3 |

Temps nécessaire

Pour l'infrastructure et la pose, environ 2 heures par m^2

1 La disposition d'un étroit chemin détermine son accessibilité. Après avoir réfléchi au tracé, calculez les quantités de matériaux nécessaires. Pour ce faire, il vous faut connaître le nombre de mètres carrés du chemin considéré.

2 Calculez ce nombre à partir de la longueur (L) et de la largeur (l) du chemin. Si la largeur du chemin doit varier, et si la différence n'est pas trop grande (environ 30 cm), faites tout simplement une moyenne entre la largeur la plus grande et la largeur la plus petite. Calculez pour différentes sections si la différence est plus importante et s'applique sur plusieurs mètres.

Réalisez l'infrastructure avec 10 cm de gravier rond ; le nombre de mètres carrés divisé par 10 donne la quantité de gravier en mètres cubes acheter. Calculez la quantité de gravillons pour la couche de 5 cm d'épaisseur à partir du nombre de mètres carrés divisé par 20.

3 Il faut 100 à 110 pavés de taille standard 9/11 cm par mètre carré. Il faut environ 1/4 de pavés engazonnés avec joints de 1,5 à

1

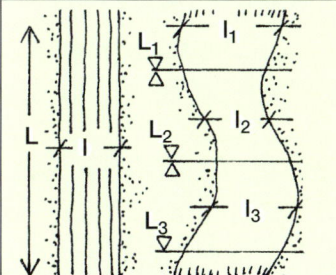

2

3

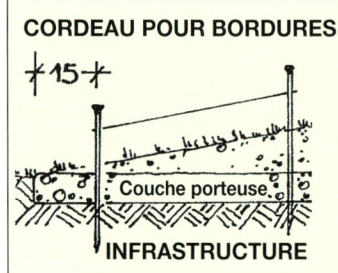

CORDEAU POUR BORDURES

←15→

Couche porteuse

INFRASTRUCTURE

4

5

6

2 cm en moins. Vous parsèmerez les joints de sable et de terreau, que vous utiliserez dans un mélange de 2/1. Pour la couche porteuse, optez pour du gravier rond 0/32 et pour du gravillon 2/5 pour la couche d'égalisation.

4 Pour calculer la hauteur sous le cordeau, ajoutez encore l'épaisseur des pierres de 10 cm. L'évacuation des eaux peut être assurée par une pente transversale relativement faible, car les eaux de surface peuvent s'infiltrer dans les joints engazonnés. Marquez le tracé du chemin des deux côtés depuis la terrasse jusqu'au point visé à l'aide de pointes et commencez à excaver. Tendez un cordeau à la hauteur finale et continuez à excaver, jusqu'à ce que le fond de l'excavation se situe à environ 25 cm en dessous du cordeau. Compactez alors avec une plaque vibrante.

Déposez la couche porteuse qui doit avoir une épaisseur de 10 cm après compactage. Les pavés de bordure du revêtement ne seront pas posés dans du mortier. Vous obtiendrez une bonne résistance en élevant l'infrastructure à 5-15 cm au-dessus de la bordure.

Astuce de pro

Si vous réalisez un chemin incurvé, positionnez chaque rangée à angle droit par rapport aux courbes. Le résultat esthétique sera plus fort si vous conservez toujours la même orientation des rangées par rapport aux arcs de cercle.

5 Posez les pavés directement dans le gravillon et remplissez les joints à 1/3 avec du gravillon.

6 Vous devez combler les bords du chemin avec du terreau et compacter légèrement, afin que les pierres de bordure ne glissent pas lorsqu'elles seront mises en place ultérieurement. Avant la mise en place définitive, parsemez les joints d'un mélange sable-terre (dans les proportions 2/1).

Lorsque vous arrosez la surface avec de l'eau, le mélange pénètre profondément dans les joints. Recommencez l'opération de saupoudrage et d'arrosage jusqu'à ce que les joints soient complètement remplis, puis tassez. Semez enfin le gazon dans les joints.

Tapis d'écorce pour accessoires de jeux

Matériaux
Tapis d'écorce, gravier rond 0/32, dalles de béton ou pavés, mortier

Outils

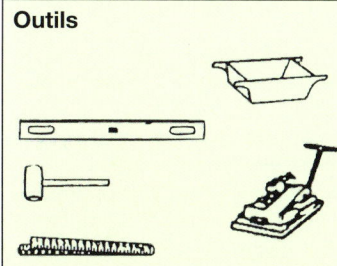

Niveau de difficulté

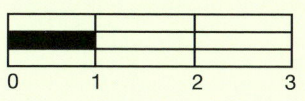

| 0 | 1 | 2 | 3 |

Degré de force

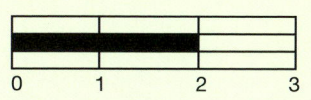

| 0 | 1 | 2 | 3 |

Temps nécessaire
Pour l'infrastructure et la pose, 1 à 2 heures par m²

1 Une aire de jeux dans un jardin ou une cour doit comporter un revêtement à la fois résistant et sécurisant. Le tapis d'écorce est le revêtement idéal car il possède ces deux propriétés. Vous trouverez dans les magasins d'objets en bois ou les magasins de bricolage et de construction des accessoires de jeux que vous pourrez installer selon les indications du fabricant. La simple installation d'une balançoire ou d'une « cage à écureuil » nécessite des fondations résistant au gel d'au moins 80 cm.

2 Prévoyez une pente de 2 % pour l'évacuation des eaux de pluie : imprimez à la surface une pente en toit s'affaissant des deux côtés à partir d'une arête culminante. Vous pouvez également ne faire s'écouler les eaux que d'un seul côté.

Délimitez la surface et marquez la hauteur finale du revêtement sur les pointes. Tendez un cordeau suivant ces marquages, puis vérifiez la pente à l'aide d'un niveau.

3 Excavez la surface de 13 à 14 cm sous le cordeau et compac-

1

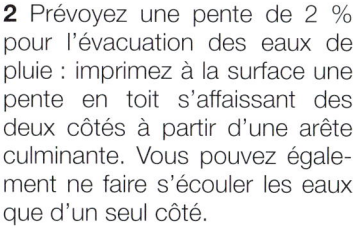

PENTE EN TOIT

2

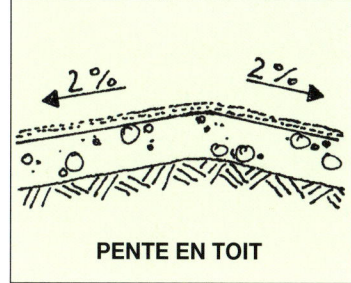

TAPIS D'ÉCORCE

GRAVIER 0/32

3

4

5

6

tez l'infrastructure. Le schéma ci-contre montre la structure d'un tapis d'écorce : celle-ci est constituée de 10 cm de gravier rond 0/32 et d'une couche d'écorce de 5 cm.

Déposez le gravier sur l'infrastructure jusqu'à une hauteur sous le cordeau de 3 à 4 cm. Prenez garde à respecter la pente en mesurant la hauteur sous le cordeau. Puis compactez ensuite en deux étapes.

4 Ces travaux terminés, installez l'accessoire de jeux selon les indications du fabricant.

5 Attendez d'avoir complètement terminé l'installation de l'accessoire de jeux pour déposer le tapis d'écorce. Remédiez aux éventuelles imperfections dans la couche porteuse relatives à l'installation de l'accessoire de jeux. Appliquez ensuite en différentes couches le tapis d'écorce frais. Contrairement au compost de sapin, il contient des éléments en longueur et des fibres.

6 Au fil du temps, le matériau se tasse et la couche de copeaux d'écorce a tendance à s'amincir.

Si beaucoup d'eau a tendance à stagner sur la surface, enlevez le tapis d'écorce et agrémentez la couche porteuse de grave (un mélange sable-gravier).

Travaillez alors consciencieusement, en vous aidant d'un dispositif de cordeaux et de quelques pointes. Mettez à nu la surface supérieure de la couche porteuse avec un râteau en fer et appliquez la grave 0/32 sur les pentes. Compactez, puis parsemez à nouveau de tapis d'écorce sur une épaisseur suffisante.

Réalisez une bordure de tonte de 30 à 50 cm de large pour séparer l'aire de jeux de la partie gazon. Vous obtiendrez facilement un bon résultat avec plusieurs rangées de petits pavés.

Dans ce cas, délimitez l'aire de jeux un peu plus largement et excavez un peu plus profondément les bords correspondant de la structure en couches.

Après avoir appliqué la couche porteuse, installez tout d'abord la bordure de tonte, puis l'accessoire de jeux, avant d'installer le tapis d'écorce.

Garnitures des bordures

Matériaux
Pavés en granit de petite ou de grande taille, gravier rond 0/32, mortier à base de ciment au tuf et de sable

Outils

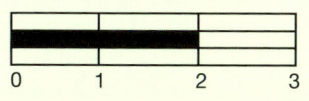

Niveau de difficulté

0	1	2	3

Degré de force

0	1	2	3

Temps nécessaire
Environ 30 minutes à 1 heure 30 par m²

1 Les bordures des chemins jouent un rôle important, car elles constituent une délimitation claire par rapport aux structures adjacentes.

Astuce de pro
Si vous ne souhaitez pas particulièrement que la bordure du chemin soit surélevée, posez les éléments de bordures un peu plus profondément que le revêtement du chemin. L'évacuation des eaux du chemin ne sera ainsi pas gênée.

2 Des rangées de pavés en granit de grande taille sont parfaitement adaptées pour délimiter un chemin revêtu du même matériau, de dalles en béton ou de briques.

3 Du fait de la taille des pavés en granit, le radier est plus profond que l'infrastructure du revêtement. Une fois le tracé du chemin délimité et son infrastructure réalisée, tendez un cordeau à la hauteur finale pour la rangée de pavés de grande taille le long de la future bordure extérieure du chemin. Excavez de 30 cm

1

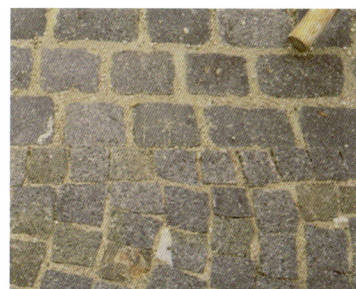

2

3

4

5

6

au-dessous du cordeau et compactez l'infrastructure avec un fouloir.

La rangée de pavés nécessite une couche porteuse en gravier rond 0/32 de 10 cm d'épaisseur. Appliquez le gravier rond sur 20 cm de hauteur sous le cordeau et compactez-le. Posez ensuite les pavés de grande taille le long du chemin dans une couche de mortier de 5 cm d'épaisseur. Puis réalisez un socle latéral de chaque côté. Prenez garde à conserver une hauteur suffisante du côté intérieur du chemin, afin de pouvoir poser le revêtement du chemin directement contre la rangée de pavés.

4 La plupart des joints entre les pavés de grande taille étant de 1,5 à 2 cm de large, jointoyez au mortier mélangé dans des proportions de 1/4 (ciment/sable) à l'aide d'un fer à joint fin.

Le mélange doit être ferme, mais encore suffisamment humide pour pouvoir être inséré profondément dans les joints. Les joints ne sont pas remplis jusqu'au bord supérieur des pavés de grande taille.

5 Vous pouvez obtenir un autre effet en posant plusieurs rangées de pavés de petite taille. Réalisez ce genre de bordure pour les surfaces revêtues de petits pavés en granit en pose libre ou en arc de cercle. Ce genre de bordure se marie également très bien avec une cour pavée de briques.

6 Tout comme les pavés de grande taille, les petits pavés sont posés en bordure du chemin dans une couche de mortier de 5 cm d'épaisseur reposant sur une couche porteuse de gravier rond. Appliquez le mortier sous le cordeau et positionnez les pavés dans le lit de mortier surélevé. À l'aide du maillet en caoutchouc, positionnez chaque pavé à la bonne hauteur. Les joints entre les pavés doivent être aussi minces que possible. Vérifiez l'homogénéité des hauteurs des pavés en posant un niveau à bulle en travers des rangées. Dans ce cas, ne remplissez pas les joints de mortier déjà mélangé, mais avec un mélange sec de sable et de ciment dans les mêmes proportions que celles citées plus haut. Faites pénétrer le mélange en arrosant régulièrement les pavés.

Pavés et plantes

Matériaux
Dalles en brique recuite 15 x 15 cm, gravillon 2/5, gravier rond 0/32, mortier

Outils

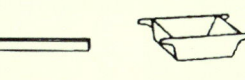

Niveau de difficulté

| | | | |
|0|1|2|3|

Degré de force

| | | | |
|0|1|2|3|

Temps nécessaire
Pour l'infrastructure et la pose, environ 3 heures par m²

1 Dans l'exemple suivant, un arc de cercle est aménagé au sein du revêtement.

Délimitez tout d'abord le tracé du revêtement. Prévoyez une pente de 2 % conduisant vers un parterre planté. Reportez la hauteur du seuil de la porte d'entrée à l'aide du niveau à bulle sur toutes les pointes plantées au bord du parterre et le long de la surface du chemin. Calculez la pente en centimètres pour chaque pointe et mesurez-la vers le bas depuis le marquage de la hauteur du seuil de la porte d'entrée de la maison sur les pointes.

2 Après avoir marqué toutes les pointes, reliez celles-ci avec un cordeau et commencez à excaver. La structure du chemin repose sur une couche porteuse de gravier rond 0/32 de 10 cm d'épaisseur.

Si le chemin est réalisé de sorte à être ultérieurement emprunté par les vélos ou les voitures, la couche porteuse doit avoir une épaisseur minimale de 15 ou 20 cm. La couche d'égalisation consiste généralement en une épaisseur de gravillons 2/5 ou 5/8.

1

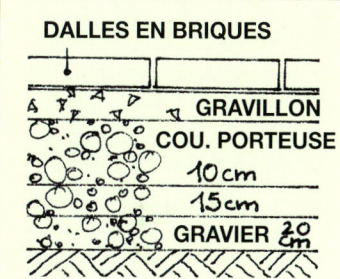

DALLES EN BRIQUES

GRAVILLON

COU. PORTEUSE

10 cm

15 cm

GRAVIER 20 cm

2

3

4

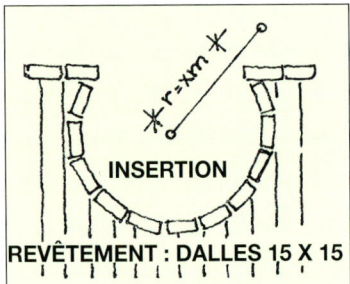

INSERTION

REVÊTEMENT : DALLES 15 X 15

5

6

3 Dans de nombreuses régions, on peut également se procurer du sable lavé au lieu de gravillon, dont les grains concassés peuvent aussi servir de couche d'égalisation.

Astuce de pro

Prenez en compte que l'épaisseur de la couche de gravillon diminue lorsque vous le tassez, d'environ 1 à 1,5 cm pour une épaisseur de couche de 5 cm. Vous devez donc travailler avec une surépaisseur de cet ordre.

4 Posez tout d'abord les bordures sur la couche porteuse tassée. Dans ce cas, il s'agit de briques de récupération de 15 x 15 cm. Excavez une tranchée contre le bord extérieur du chemin pour la bordure. La hauteur sous le cordeau se calcule ainsi : 15 cm de hauteur de dalles, plus 10 cm de béton et 10 cm de couche porteuse. Compactez l'infrastructure de la tranchée avant de déposer la couche porteuse. Posez ensuite les dalles à la verticale dans le béton sous la hauteur du cordeau.

5 Pour la réalisation de l'évidemment en arc de cercle, procédez de la façon suivante : réfléchissez à la taille que vous voulez donner au massif planté et à la largeur du passage à cet endroit. Déterminez le rayon et déduisez-en le centre du cercle. Plantez une pointe dans la couche porteuse.

6 Mesurez depuis cette pointe avec le rayon « r » (voir illustration ci-contre) les raccordements aux extrémités de l'arc de cercle et plantez-y chaque fois une pointe. Marquez les hauteurs nécessaires sur les pointes.

Posez les dalles verticalement sous le cordeau comme pour la réalisation des bordures. Vérifiez la bonne position de chaque dalle.

Pour ce faire, procédez comme suit : fixez un cordeau sur la pointe du centre du cercle et marquez-y le rayon avec un nœud. Tendez à présent ce cordeau au-dessus des dalles rectilignes et déduisez-en la position exacte de chaque dalle. Une fois que l'arc de cercle est réalisé, poursuivez la réalisation de la surface du chemin.

Une arrière-cour multi-usages

Matériaux

Dalles en béton, dalles à enga-
zonner, briques recuites, bois
équarris, gravier rond 0/32, gravillon 2/5, sable à jouer, carton
bitumé, semence pour gazon

Outils

Niveau de difficulté

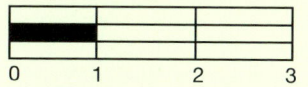

| 0 | 1 | 2 | 3 |

Degré de force

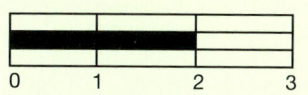

| 0 | 1 | 2 | 3 |

Temps nécessaire

Environ 45 minutes à 1 heure
par m² pour le revêtement, 30 à
45 minutes pour les grilles-gazon, environ 10 heures pour le
bac à sable

1 De nombreuses cours sont utilisées par divers membres de la
famille et habitants de la maison
et doivent ainsi remplir diverses
fonctions à la fois. Les véhicules
nécessitent de la place. Si vous
renforcez les surfaces de passage et les accès au garage avec
des grilles-gazon, vous satisferez
les besoins des propriétaires de
voiture tout en conservant des
surfaces de verdure. Pour les
piétons, vous poserez un chemin
étroit à travers la cour et une petite surface de la cour devant le
garage réservée aux jeux des enfants et que ces derniers peuvent
emprunter en patins à roulettes.
N'oubliez pas le bac à sable.
Prévoyez également un endroit
où vous pourrez vous asseoir, de
préférence protégé par un toit.

2 Afin d'empêcher que des eaux
de pluie ne s'infiltrent dans le garage ou dans l'accès à la maison,
prévoyez une évacuation vers les
plantations ou dans un déversoir
central dans la cour.

Tendez le cordeau pour les hauteurs à environ 1-2 cm sous le
bord du garage en suivant la
pente jusqu'à la hauteur finale du
déversoir.

1

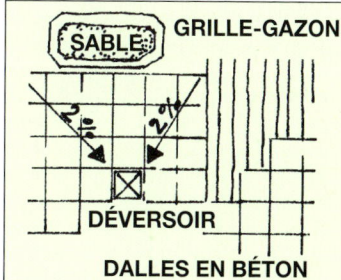

SABLE   **GRILLE-GAZON**

DÉVERSOIR

DALLES EN BÉTON

2

3

4

5

6

La structure en couches du nouveau revêtement est un peu moins profonde pour des dalles en béton ou en briques que pour les grilles-gazon.

Dans tous les cas, excavez de 20 cm pour la couche porteuse (15 cm) et pour la couche d'égalisation (5 cm) ou d'un peu moins, car la sous-couche sera ultérieurement compactée. S'y ajoutera l'épaisseur des pierres.

3 Les dalles en béton carrossables ont une épaisseur de 6,5 à 8 cm, les briques d'environ 7 cm. Pour ces deux matériaux, conservez une hauteur de 12 cm avec l'infrastructure compactée en dessous du cordeau.

Étalez la couche d'égalisation à une hauteur équivalente à l'épaisseur des dalles/des pavés sous le cordeau et déposez par-dessus le gravillon 2/5. Puis recouvrez par les dalles en béton, les briques ou les grilles-gazon, en travaillant « en arrière ».

4 Pour que les raccords des bordures n'aient pas un aspect trop monotone, faites dépasser par endroit dans le gazon les surfa-ces revêtues de dalles. Renforcez toutes les bordures avec une cale pour mortier, sauf les liaisons entre revêtement dallé et gazon.

Saupoudrez les joints des pavés pour gazon avec un mélange terre-sable ou terre-gravillon dans les proportions 1/2. Après compactage, semez d'un mélange pour pelouse sèche. La pente de surface du revêtement dallé a comme d'habitude une inclinaison de 2 % ; pour les grilles-gazon, une pente de 1 % suffit.

5 Construisez ensuite le bac à sable. Réalisez le cadre à l'aide de deux ou trois bois équarris montés les uns sur les autres (18 cm d'épaisseur, 24 cm de large), que l'on cheville avec des tiges rondes. Posez les bois équarris sur la même couche d'égalisation que pour les dalles. Les dalles sont posées jusqu'au bord du bac à sable. La cale pour mortier est donc ici inutile. En même temps, les bois équarris sont pourvus d'un drainage en la présence de la couche de gravillon.

Posez tout simplement les bois équarris suivant sur la structure inférieure. Prenez soin que les bois soient proprement sciés et posés en couches décalées les unes par rapport aux autres.

6 Aux endroits de chevauchement des planches de bois équarri, percez ceux-ci verticalement avec une mèche spéciale pour coffrage de 14 mm. Chevillez les planches de bois entre elles ainsi que de 10 à 30 cm supplémentaires dans le sol.

À l'intérieur de ce coffrage, excavez pour le drainage un puits absorbant de 50 x 50 cm de côté et de 80 cm de profondeur, puis remplissez-le de gravier à gros grains 32/64. Recouvrez-le afin que le sable ne puisse pas s'y introduire avec l'eau.

7 Vous devez délimiter visuellement l'endroit où vous avez prévu de pouvoir vous asseoir à l'aide d'un revêtement différent. Si vous avez préalablement revêtu les surfaces de la cour et du chemin d'une combinaison de briques et de dalles de béton, n'utilisez alors ici que des briques ou des dalles en béton.

8 Délimitez avec des pointes pour cordeau les angles extérieurs et tendez les cordeaux pour les hauteurs. Pour cet endroit, 5 à 10 cm de gravier compacté suffisent. S'y ajoute une couche d'égalisation de 5 cm. Vous pouvez utiliser des dalles en béton de 4 ou 5 cm d'épaisseur.

9 Pour la pose en diagonale des dalles, tendez un cordeau à la bonne hauteur de la pointe avant gauche à la pointe arrière droite, ou inversement.

Étalez la couche d'égalisation avec la règle à niveler et posez les dalles en béton parallèlement au cordeau tendu en diagonale. Comblez les triangles restants au niveau des raccordements en diagonale par rapport aux murs avec des dalles en gravier fin. Fxez ces minces dalles de revêtement contre les bords avec une cale pour mortier.

7

8

9

Une courette en briques avec rigole

Matériaux

Briques recuites, pavés en granit pour mosaïque, galets, gravier rond 0/32, gravillon, tuyaux en PVC, déversoir

Outils

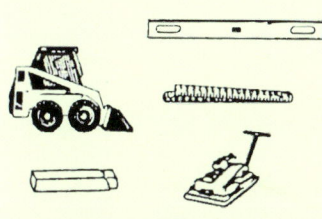

Niveau de difficulté

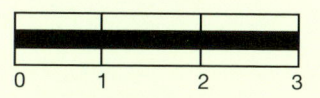

| 0 | 1 | 2 | 3 |

Degré de force

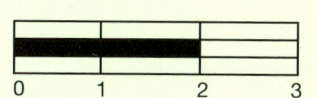

| 0 | 1 | 2 | 3 |

Temps nécessaire

Environ 1 heure par m² pour le revêtement, 30 minutes à 1 heure par m² pour la rigole, 1 heure 30 à 2 heures par m² pour la spirale

1-2 Une arrière-cour tristounette, uniquement agrémentée de poubelles ou d'une Mobylette, ne fait souvent guère honneur à une maison ravissante. Il existe pourtant la possibilité d'aménager des « espaces » supplémentaires. Embellissez et agrémentez l'arrière-cour de verdure afin d'y insuffler une nouvelle vie.

3 Commencez par marquer les principales hauteurs et profondeurs nécessaires à l'évacuation des eaux de pluie à l'aide de pointes sur lesquelles vous reportez les hauteurs nécessaires à la craie grasse.

À savoir, il faut compter, au niveau de la maison, 1 cm sous le bord de l'enduit de façade ou 1 à 2 cm sous les portes sans marche, afin que les eaux de pluie ne puissent pas s'infiltrer.

Depuis ces points, la surface finale doit avoir une pente descendante depuis la maison de 2 % (2 % = 2 cm de différence de hauteur sur 1 m de longueur). Vérifiez la pente à l'aide d'un niveau à bulle que vous tenez soigneusement sous le cordeau tendu entre les pointes. Si la bulle cor-

1

2

3

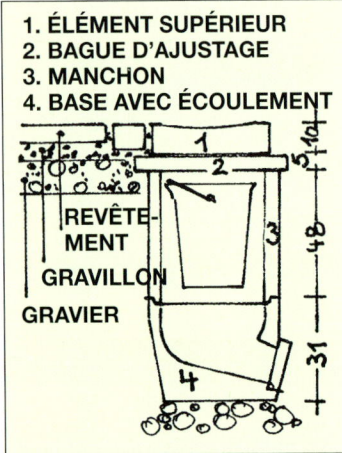

1. **ÉLÉMENT SUPÉRIEUR**
2. **BAGUE D'AJUSTAGE**
3. **MANCHON**
4. **BASE AVEC ÉCOULEMENT**

REVÊTE-
MENT

GRAVILLON

GRAVIER

4

5

respond au deuxième marquage, la pente est exacte.

4 Pour réaliser l'infrastructure, procédez pas à pas. Tendez un cordeau entre les pointes marquées. Puis mesurez chaque couche à l'aide de celui-ci. Nivelez le sol d'infrastructure selon la pente à 28 cm sous le cordeau et tassez-le. Puis recouvrez-le de l'infrastructure (gravier concassé 0/32) sur une épaisseur de 15 à 17 cm, qui s'élèvera donc avant tassement à une hauteur d'au moins 13 cm sous le cordeau.

Après un nouveau tassement, l'infrastructure va se compacter pour avoir finalement une hauteur d'environ 15 cm sous le cordeau. Vous pouvez ensuite appliquer différents matériaux sur cette infrastructure. L'eau doit être évacuée depuis le déversoir dans des tuyaux en PVC, eux-mêmes raccordés avec une pente d'au moins 0,5 à 1 % à l'installation d'écoulement des eaux. Ces conditions déterminent la position et la hauteur du déversoir.

En règle générale, il faut réaliser une tranchée entre le déversoir et l'installation d'écoulement des eaux, dans laquelle seront posés les tuyaux dans un lit de sable (attention sinon aux risques de rupture !)

5 Le raccordement déversoir/tuyau sera recouvert de mortier, ainsi qu'éventuellement le raccordement à un tuyau de canalisation.

Le déversoir est constitué des différents éléments illustrés par la photo ci-contre ; il est important que le col et les anneaux de regards soient disponibles dans des hauteurs différentes, afin que vous puissiez facilement procéder à la pose selon la différence entre la hauteur du revêtement et la profondeur du déversoir. Il est préférable de demander à nouveau conseil auprès de votre magasin de matériel de construction en fonction de votre cas personnel. Faites attention que le col soit équipé d'un filtre à boue qui évite le bouchage du tuyau d'évacuation en retenant, par exemple, les feuilles et qui peut être régulièrement vidé. Sachez également que la grille doit être au moins au même niveau que la hauteur du revêtement, ou mieux encore à 1 cm au-dessous.

6 Dans l'exemple, la rigole constituée de pavés de petite taille posés dans du mortier fait à la fois fonction de système d'évacuation des eaux et d'élément esthétique. Elle doit remplir les conditions techniques suivantes :
1) Elle doit être située au niveau le plus bas de la surface de la cour.
2) Elle doit être dirigée vers le déversoir avec une pente de 3 %.
3) En coupe transversale, elle doit avoir une forme « d'assiette » afin que l'eau y soit contenue comme dans le lit d'une rivière.

En respectant ces différents points, vous pouvez réaliser la rigole à votre convenance.

7 Marquez grossièrement le tracé de la rigole à l'aide de quelques pointes sur lesquelles vous reportez la hauteur finale. Un cordeau tendu entre les pointes sert de repère pour orienter le tracé et permet de vérifier les hauteurs. Ajoutez au mélange de mortier un durcisseur qui rend le mortier imperméable à l'eau. Un lit de mortier de 5 cm est tout à fait suffisant. Réalisez l'infrastructure à 15-16 cm de hauteur sous le cordeau afin de pouvoir y déposer le mortier.

8 La surface en briques va maintenant être posée des deux côtés de la rigole, entre la hauteur de la rigole et les hauteurs du côté de la maison. Posez les briques jusqu'à la rigole en laissant cependant un espace correspondant à la largeur d'une brique.

Vous pouvez réaliser la jonction entre la rigole et la surface en briques avec des pavés de petite taille ou bien des galets posés dans du sable. Faites alors attention de poser les éléments de pavage aussi près les uns des autres que possible, car cette portion doit être particulièrement stable. Procédez de la même façon tout au long du tracé.

9 Si une surface plantée jouxte le revêtement en briques, vous devez réaliser une bordure rigide en adossant la dernière rangée de pavés à une cale pour mortier.

Vous devez également intégrer des motifs en briques, en disposant par exemple les pavés en perpendiculaire. Utilisez aussi des matériaux différents ; une surface homogène en briques sera parfaitement égayée par quelques motifs décoratifs.

6

7

8

9

10

11

Si vous souhaitez donner une forme plus géométrique à la cour, vous pouvez réaliser les bordures de la surface en posant les briques verticalement et perpendiculairement dans le mortier. Si un chemin part de la surface de la cour, vous pouvez conserver la même orientation de pose ou réaliser celle-ci « en perpendiculaire ». Cette variante nécessite de dessiner un plan rigoureux.

10 Vous obtenez un très bel effet en insérant des surfaces de motifs au sein d'une surface en briques. Pour ce faire, réservez un carré de la taille souhaitée au sein de la surface en briques. Placez des planches de coffrage sciées à la taille correspondante sur l'infrastructure et contre les briques afin que celle-ci soient maintenues en place. Consolidez les planches à l'aide de pointes que vous plantez dans le sol. Vous pouvez alors poser les briques jusqu'au bord des planches de coffrage.

Tracez de préférence au préalable la spirale à proprement dite à la taille souhaitée sur du papier, afin de pouvoir reporter avec exactitude sa forme au sein du pavage. Reportez le croquis sur la surface réservée à cet effet en traçant la spirale sur la couche porteuse. Mesurez le centre du carré depuis lequel la spirale va se dérouler vers l'extérieur. Plantez les pointes et fixez-y un cordeau dont la longueur est équivalente au rayon de la spirale en pavés. Fixez ensuite une deuxième pointe au cordeau à l'aide d'un nœud au niveau de la première spire de la spirale. Vous pouvez alors tracer celle-ci dans la surface de la couche porteuse. Dessinez toute la spirale en procédant de même, spire par spire.

11 Commencez le pavage au centre de la surface réservée et pavez une seule spire jusqu'à l'extrémité de la spirale à l'aide du matériau que vous avez choisi. Réalisez de préférence la pose dans du mortier, afin que cette spire unique ne s'affaisse pas. Pavez ensuite l'espace restant dans du sable. Insérez les galets le plus étroitement possible.

Vérifiez la hauteur de la spirale pavée et le raccordement de celle-ci à la surface en briques dans laquelle elle est insérée à l'aide d'une règle en aluminium.

Index

Avertissement

Les produits, les techniques et les systèmes de construction connaissent actuellement une évolution rapide. Elle s'explique notamment par la prise de conscience des menaces sur l'environnement, les préoccupations sanitaires ou la recherche de meilleures performances énergétiques des bâtiments. Ce livre est le reflet de l'opinion de l'auteur et de l'état actuel des choses dans ce domaine au moment de sa réalisation. L'éditeur ne pourra en aucun cas être tenu pour responsable de dommages matériels ou personnels survenus à la suite de l'utilisation de ce livre.

Titre de l'édition allemande originale : *Selbst Höfe und Wege pflasten*
(Helga Voit/Ralf Klinkenberg)
© MMII by Compact Verlag GmbH, Munich, Allemagne.
© Zuidnederlandse Uitgeverij N.V., Aartselaar, Belgique, MMIX.
Tous droits réservés.
Cette édition par Chantecler, Belgique-France
Traduction française : Philipp Röhlich
Imprimé en Belgique.

D-MMVII-0001-449